职业形象塑造

主　编　王文燕　张　艳　洪媛忠
副主编　陈　聪　高　雨　杨春燕

合肥工业大学出版社

图书在版编目(CIP)数据

职业形象塑造/王文燕,张艳,洪媛忠主编.--合肥:合肥工业大学出版社,2024.8
ISBN 978-7-5650-6350-3

Ⅰ.①职… Ⅱ.①王… ②张… ③洪… Ⅲ.①个人-形象-设计 Ⅳ.①B834.3

中国国家版本馆CIP数据核字(2023)第178221号

职业形象塑造

王文燕 张 艳 洪媛忠 主编　　　　　　　责任编辑 毕光跃

出　版	合肥工业大学出版社		版　次	2024年8月第1版	
地　址	合肥市屯溪路193号		印　次	2024年8月第1次印刷	
邮　编	230009		开　本	787毫米×1092毫米　1/16	
电　话	理工图书出版中心:0551-62903204		印　张	9	
	营销与储运管理中心:0551-62903198		字　数	213千字	
网　址	press.hfut.edu.cn		印　刷	安徽联众印刷有限公司	
E-mail	hfutpress@163.com		发　行	全国新华书店	

ISBN 978-7-5650-6350-3　　　　　　　　　　　　定价:48.00元

如果有影响阅读的印装质量问题,请与出版社营销与储运管理中心联系调换。

前　言

　　职业形象是指与职业相适应的、能反映从业者内在气质和职业特点的外在形象及举止行为。职业形象塑造的意义在于提升个人在职场中的受信任度、被认可度和影响力。一个良好的职业形象能够帮助个人与他人建立信任关系，使他人更愿意与其合作、交流和分享资源。此外，一个专业、有吸引力的职业形象能够增加个人的被认可度，使他人更容易接受并采纳其意见和建议。一个塑造成功的职业形象，将赋予个人较大的影响力，使其能够更好地在职场中达成目标，获得更多的机会。因此，职业形象的塑造对于个人的职业发展和成功至关重要。

　　职业形象在服务行业中是个人给客户的第一印象，代表着品牌形象。个人良好的职业形象有助于开展有效沟通，是一种独特的竞争优势。一个专业、良好的职业形象可以减少客户的不安和疑虑，进而降低沟通成本，提升工作效率；作为榜样的管理层或资深员工通过其职业形象可以激励团队成员，使他们树立正确的工作态度和职业行为标准。为了在服务行业中塑造良好的职业形象，个人和公司都应当注重着装、个人卫生、沟通技巧、专业能力及服务态度等方面的提升。这不仅有助于个人的职业成功，而且有助于整个企业的长期成功。

　　在服务行业中，可以通过仪容仪表、专业知识和沟通技巧等方面的培训塑造良好和专业的职业形象，给客户留下良好的印象，提升客户满意度和忠诚度。尤其可以为旅游目的地或机构带来更多的业务和口碑推广效果。基于此，在广西壮族自治区品牌专业建设成果的基础上，结合多年的教学和实践经验，编者编写了这本富有特色和实际指导意义的职业教育教材。

　　本书旨在帮助职业服务人员在职场中树立良好的形象，增强职场人士（尤其是旅游服务从业人员）在职场中的竞争力。本书采用模块化编写体例，以任务为引领，开展课程的学习和训练。全书共分为5个模块，每个模块以任务为引领，由学习目标、案例导入、知识拓展、任务工单、任务评价和思考练习6个部分组成。在内容选取方面，本书坚持正确的政治方向和价值导向，体现中华民族礼仪风格和现代服务业的职业要求，系统、详细地介绍职业形象塑造的概念、类型、特点和发展趋势等。

本书由北海市中等职业技术学校的王文燕、张艳和洪嫒忠担任主编；由北海市中等职业技术学校的陈聪、高雨和杨春燕担任副主编；参编人员包括北海市中等职业技术学校的洪慧忠和伍维。北京华科易汇科技股份有限公司的魏文佳对于本书大纲和逻辑结构的确定给予了诸多建议。参与拍摄的有罗尖尖、陈雨珊、贾子怡、李华鑫、罗佶、黎蓉、麦子怡、彭亮、庞正严、孙婷玮、王大方、吴俊霖、卫昕、夏屹江、邢小冉、张良聿、张小芹、赵晓晴、郝婧格、史轩昊、欧阳洋、文祖图。

在本书的编写过程中，编者参阅和引用了有关专家、学者的专著、教材及论文，在此表示诚挚的谢意。期待本书能够为提升、完善职场人士的职业形象提供指导。

由于编者时间和水平有限，书中难免有不足之处，欢迎广大读者提出宝贵意见和建议，以期不断地改进和完善本书。

王文燕

2024年7月

目　录

二维码索引

页码	微课名称	二维码	页码	微课名称	二维码
064	女士职业发型要求及设计步骤		096	化妆的作用和目的	
068	男士职业发型要求及设计步骤		100	用化妆刷涂抹粉底	
073	套裙穿着和搭配注意事项		102	黑眼圈的遮瑕方法	
077	西装穿着的整体效果		114	认识常见眉形	
085	酒店服务人员着装标准		117	如何护理肌肤	
086	如何佩戴首饰		119	洁面	
088	高铁服务人员着装标准		121	打粉底	
089	邮轮服务人员着装标准		123	睫毛卷翘方法	

页码	微课名称	二维码	页码	微课名称	二维码
124	口红的基本涂抹法		129	眼形对应的眼线画法	
125	补妆的方法		131	修容和高光产品选择	
127	涂腮红		134	男性空乘人员职业妆的打造和标准	

模块 1 初识职业形象塑造

通过本模块的学习，服务人员可以了解职业形象的内涵，掌握职业形象的构成要素和原则。本模块内容对未来职业工作有一定的指导作用。

任务1-1 认识职业形象塑造

职业形象是指在公众面前树立的印象。职业形象具体包括外在形象、品德修养、专业能力和知识结构四大方面。它是通过衣着打扮、言谈举止反映出服务人员的专业态度、技术和技能等。

▶学习目标

（1）通过对职业形象内涵的学习，掌握职业形象塑造的基本原则。

（2）通过对服务人员礼仪与行为习惯的了解和学习，掌握服务人员礼仪与行为习惯的培养方法。

▶案例导入

小怡是一家公司新入职的员工，主要负责文秘工作。小怡刚刚大学毕业，青春靓丽，有着一头飘逸的长发。为了提升自身职业形象，小怡决定换一个新发型。周末，小怡在理发师的建议下，决定尝试一下挑染，理发师帮她挑了一个红色发型，颜色很出挑。周一，当小怡出现在公司时，大家都为之一振，但总经理却把她叫到办公室，说："今天与外商的谈判你就不要参加了，先去把头发染回来。我不希望'火鸡'出现在我方谈判桌旁。"小怡很委屈，无奈之下只好把头发恢复原样。

回答问题：

① 小怡通过改变发色来塑造职业形象是否有错？为什么？

② 职业形象塑造应该通过哪些方面来进行？

一、职业形象的内涵

（一）形象与气质

（1）形象是指一个人仪表的具体外在表现。这里所说的形象，主要是指个人形象，也就是一个人的外表或容貌，是一个人内在品质的外部反映，它能够体现人的内在修养。优雅的形象如图1-1-1所示。

图1-1-1　优雅的形象

从心理学的角度来看，形象是人们通过视觉、听觉、触觉和味觉等各种感觉器官，在大脑中形成的关于某种事物的整体印象，简言之就是知觉，即各种感觉的再现。形象不是事物本身，而是人们对事物的感知，不同的人对同一事物的感知不会完全相同，因而其正确性会受到人的意识和认知过程的影响。由于意识具有主观能动性，所以事物在人们头脑中形成的不同形象会对人的行为产生不同的影响。

（2）气质是指人的有关外部行为、形态所传递的信息，人们的感官可以捕捉到气质，但气质不如形象那样具体和直接。

图1-1-2　规范的职业形象

形象主要通过视觉来捕捉，人们常用高大或矮小、靓丽或丑陋、整洁或肮脏等词语来形容它，非常直观、易懂。气质则是通过人的仪容、仪表、言谈举止等所传达的一种特殊的感觉，是一个人心理活动的动态性特征，因而可以使每个人的心理活动都染上一种个性色彩。气质不仅表现在人的情感活动的强弱、快慢、隐现和意志行动的力量、速度上，还表现在思维的灵活或迟滞上。规范的职业形象如图1-1-2所示。

人们很难用明确的词语来界定气质，但人们在现实生活中总是在不知不觉中关注、评价、追求、塑造气质，并将其充分地展现出来。

气质无好坏、善恶之分，每种气质都有其积极的一面，也有其消极的一面。气质本身不能决定一个人社会成就的高低，在每种职业领域都可以找到具有各种不同气质类型的代表人物，同一气质类型的人在不同的职业部门也能各展所长。

（二）礼仪与礼仪修养

形象与气质带给人们更多的是视觉等感官上的感受，而礼仪与礼仪修养则会在人际交往中为人们的形象和气质加分或减分。

1. 礼仪的内涵与特点

1）礼仪的内涵

礼仪是人们在人际交往中约定俗成的行为规范和准则，也是个人内在修养与自身素质的外在表现。礼仪可具体表现为礼貌、礼节、仪表和仪式。

（1）礼貌。礼貌是人们在人际交往中通过语言、动作等形式表现出的谦虚、友好的态度。

（2）礼节。礼节是礼貌的具体表现形式，它反映了一个人的良好素养。

（3）仪表。仪表是指人的外表形象。

（4）仪式。仪式是在一定场合举行的、有专门程序和规范的活动。

没有礼节就谈不上礼貌，有了礼貌则必然伴有具体的礼节形式。因此，礼仪可由一系列具体表现礼貌的礼节组成，这是一个系统、完整的过程。

2）礼仪的特点

礼仪具有通俗性、时代特色与传承性、共同性与差异性的特点。

（1）通俗性。礼仪大多没有明文规定，但会被每个社会成员所认同、遵循。礼仪简单明了，每个人都能在潜移默化中学习和掌握它，这就是礼仪的通俗性。

（2）时代特色与传承性。不同时代的社会风貌、政治环境、文化习俗等都会对礼仪的形成或流行产生影响，因此礼仪具有鲜明的时代特色。同时，礼仪会随着社会的进步、时代的发展而逐步变化，并被赋予新的内容，形成更具时代特色的礼仪规范。任何国家的当代礼仪都是在本国古代礼仪的基础上慢慢演变、传承、发展起来的。一种礼仪一旦形成，就会被一代一代地继承下去，这就是礼仪的传承性。

（3）共同性与差异性。礼仪是全人类的共同需要，虽然不同国家、不同民族对于礼仪的重视程度及理解不尽相同，但对于礼仪的需求是共同的。然而受国家历史、民族信仰等因素的影响，不同国家、地区和民族都有一些独有的礼仪表达方式，这就是礼仪的差异性。

3）礼仪的作用

礼仪具有如下作用。

（1）沟通。在人际交往中，自觉地执行礼仪规范可以使交往双方更好地沟通情感，并在向对方表示尊重、敬意的过程中，获得对方的理解和尊重。人们在交往时以礼相待有助于互相尊重、建立友好的合作关系，缓和或避免不必要的矛盾与冲突。

（2）协调。在现代生活中，人们的关系错综复杂，有时会突然发生冲突。礼仪有利于使冲突双方保持冷静，缓解已经激化的矛盾，使人与人之间的情感得以沟通，建立相互尊重、彼此信任、友好合作的关系，进而有利于各项事业的发展。

（3）教育。礼仪以一种道德习俗的方式发挥着维护社会正常秩序的教育作用。人们能够通过对礼仪的学习和应用建立新型的人际关系，从而在交往中严于律己、宽以待人、互尊互敬、互谦互让、讲文明、懂礼貌，与人和睦相处，形成良好的社会风气。

④ 约束。在社会生活中，礼仪可以约束人们的态度和动机，规范人们的行为方式，协调人与人之间的关系，维护社会的正常秩序，它在社会交往中发挥着巨大的作用。

4）礼仪的学习

对礼仪的学习要经过反复实践，循序渐进地进行，综合提升自身的素质和形象，具体如下。

（1）反复实践。礼仪是人们长期生活实践的经验总结，是人类的文明积累。学习礼仪应本着"从实际中来，到实际中去"的方法，坚持理论与实践的统一，将知识运用于实践，在实践中不断学习。

（2）循序渐进。学习礼仪是一个循序渐进的过程，不能急于求成。同时，还应该有主有次，从与自己生活联系最密切的方面开始学习。在学习礼仪时，人们只有反复体验和运用规范要求，才能真正地掌握。

（3）综合提升。礼仪是一个人的教养、风度与品质的综合反映。因此，礼仪的学习必须与其他科学文化知识的学习、形象塑造等训练结合起来。只有重视自身内在素质的提高和外在优雅形象的塑造，才能更好地掌握和运用礼仪。

2. 礼仪修养的内涵与培养

1）礼仪修养的内涵

礼仪修养主要是指人们为了达到一定的社交目的，按照一定的礼仪规范要求并结合自己的实际情况，在礼仪品质、意识等方面进行的自我锻炼和自我改造。

2）礼仪修养的培养

礼仪修养并不是与生俱来的，而是需要经过后天培养的。每个人都可以通过自己的努力学习和实践来培养良好的礼仪修养。具体如下。

（1）道德修养的培养。礼仪是社会道德的一种载体，因此道德修养对一个人的行为有非常重要的影响。礼仪修养与道德修养密不可分，一个人的礼仪修养水平受其道德修养水平的制约。高尚的职业道德、良好的礼仪修养对改善人际关系、塑造良好的职业形象有非常重要的作用。

（2）个性修养的培养。个性心理特征主要包括人的气质、性格和能力，能够反映一个人的自身素养。因此，个人要加强礼仪修养，就必须注重个性的自我完善。礼仪修养的培养应该建立在健康、良好的个性基础上。个性修养的培养须经过长期的努力，是一个逐步熏陶、潜移默化的过程。具体方面如下。

① 气质。人的气质美会在举手投足中自然地流露出来，而礼仪也会在优雅、良好的气质中得到体现，因此加强礼仪修养必须从培养自身气质做起。

② 性格。健康的性格是良好个性形成的基础，一个人若要在待人接物时大方得体、礼仪有加，就必须有健康的性格。

③ 能力。交往成功与否，往往取决于个人的能力。能力主要包括应变能力、自控能力及表达能力等。在与人交往的过程中发生意想不到的事情时，要做到不失礼，就要有较强的应

变能力；要做到讲究礼仪，就必须有效地调整和控制自己的情绪，具有较好的自控能力；要做到注重礼仪，就要具备较好的表达能力，注意多使用敬语，委婉地表达自己的观点。

（3）心理素质的培养。现代礼仪的施行要求人们具备良好的心理素质，保持积极、健康的心态，只有这样，才能形成良好的行为。工作中如果没有积极向上的心态，个人就很难做到主动、热情地待人接物，也不可能做到彬彬有礼、自尊自信，更难以为他人提供优质的服务。

微课 递物与接物

（三）职业形象的内涵

职业形象是指在职业场合中，人的内在气质的外部表露。人的内在气质是一种心理特征，无法见到，但是能通过仪表、举止、言谈反映和表露出来，从而综合展现一个人的形象，显示出一个人的情操、学识、阅历、修养和风度。良好的形象应当是高尚的情操、渊博的知识、丰富的阅历、良好的教养、优雅的风度的集合，它集中反映了一个人的精神文化修养。

职业形象的内涵包括以下内在关系。

（1）内在气质与外部职业形象。如果没有美好的气质，个人就难以有良好的形象。例如，一位没有修养的女士，即使打扮得满身珠光宝气，也无法塑造那种雍容华贵、高雅大方的形象。从另一方面来说，有了美好的气质，并不等于有了良好的形象。一个人的形象不是天生的，而是靠后天自觉培养出来的。因此，对个人形象的塑造既要强调完善气质，又要强调自觉培养，要从点滴做起，并严格要求自己。

（2）精神文明、物质文明与形象塑造。精神文明和物质文明对形象塑造有着深刻的影响。某些不良行为的形成，如随地吐痰等，究其原因是思想品质方面的问题，与贫富没有直接因果关系。从另一方面来说，物质文明水平的提高能起到积极的作用，如随着物质文明不断提高，贪图小利的情况会大为减少，也就是人们所说的"衣食足而知礼仪"。随着精神文明和物质文明的发展，形象塑造的要求也会越来越高。

（3）传统形象与外来形象。人们一方面要继承和发扬我国的优秀文化，从文化中延续历史悠久的传统职业形象；另一方面要正确吸收国外先进职业理念，形成以我为主、博采众长、具有中国特色的职业形象。

二、职业形象的构成要素和塑造的基本原则

（一）职业形象的构成要素

职业形象的构成要素大致可以分为职业意识、职业道德、职业气质和职业技能。

1. 职业意识

职业意识是人们关于职业劳动的认识、评价、情感和态度等心理成分的综合反映，是支配和调控全部职业行为和职业活动的调节器，包括创新意识、竞争意识、协作意识和风险意识等。职业意识是通过法律、法规、行业自律、规章制度及企业条文来体现的。职业意识具有社会共性，是一个人从事某项工作最基本的要求。

2. 职业道德

职业道德是与人们的职业活动紧密联系的、符合职业要求的道德准则及道德情操、道德品质的总和，既是对职业人员在职业活动中的行为要求，又是职业人员对社会所承担的道德责任和义务。职业道德是职业形象的重要精神内核，直接体现了职业人员精神境界的高低和职业意识的强弱。

3. 职业气质

根据通用职业分类规范，职业气质可以分为以下几种。

（1）变化型。具有变化型职业气质的人会在户外活动或新的工作环境中感到愉快，他们喜欢多样化的工作内容，善于将注意力从一件事转到另一件事上，在有压力的情况下也能够很出色地完成工作。这类人适合从事的典型职业有记者、推销员、演员、消防员等。

（2）重复型。具有重复型职业气质的人适合连续不停地从事同样的工作，他们喜欢按照机械的或者别人安排好的计划或进度来工作，爱好重复、有规划、有标准的工作。这类人适合从事的典型职业有纺织工、印刷工、装配工、电影放映员、机床工等。

（3）服从型。具有服从型职业气质的人喜欢按照别人的指示工作，他们不愿意自己独立做出决策，而喜欢让别人对自己的工作负起责任。这类人适合从事的典型职业有秘书、办公室职员、翻译人员等。

（4）独立型。具有独立型职业气质的人喜欢独立地计划自己的工作和指导别人的活动，他们在独立的和负有责任的工作环境中感到愉快，喜欢对将要发生的事情做出决定。这类人适合从事的典型职业有管理人员、律师、警察、侦查人员等。

（5）协作型。具有协作型职业气质的人在与人协同工作时会感到愉快，他们善于让别人按照他们的意愿来工作，并想得到其他人的认可和喜欢。这类人适合从事的典型职业有社会工作者、咨询人员等。

（6）孤独型。具有孤独型职业气质的人喜欢单独工作，不愿与人交往。这类人适合从事的典型职业有校对、排版、雕刻等。

（7）劝服型。具有劝服型职业气质的人喜欢设法让他人同意自己的观点，一般通过谈话或写作来表达自己的观点，他们对于别人的反应有较强的判断力，且善于影响他人的态度、观点和判断。这类人适合从事的典型职业有政治辅导员、行政人员、宣传工作者、作家等。

（8）机智型。具有机智型职业气质的人在紧张和危险的情境下能够很好地完成工作，他们在危险的状况下能自我控制情绪、镇定自若，在户外工作中表现出色，当工作出现差错时不易慌张。这类人适合从事的典型职业有驾驶员、飞行员、公安员、消防员、救生员、潜水员等。

（9）经验决策型。具有经验决策型职业气质的人喜欢根据自己的经验做出判断。当别人犹豫不定时，他们能当机立断做出决定，喜欢处理那些能直接经历或感受的事情。必要时，他们会凭借直接经验和直觉来解决问题。这类人适合从事的典型职业有采购人员、供应商、批发商、推销人员、个体商贩、农民等。

（10）事实决策型。具有事实决策型职业气质的人喜欢根据事实来做出决策，他们喜欢先使用调查、测验、统计数据来说明问题，再根据充分的证据引出结论。这类人适合从事的典型职业有化验员、检验员、自然科学研究者等。

4. 职业技能

职业技能是指个体将所学的知识、技能和态度在职业活动中进行类化迁移与整合，所形成的能完成一定职业任务的能力。

（二）职业形象塑造的基本原则

在实践中，职业形象塑造必须遵循以下基本原则。

1. 整体性原则

微课　形象塑造的基本原则

整体性原则包括以下4个方面。

（1）内外结合。即外在形象与内在精神个性结合为统一的整体。一个人的形象不仅包括外表，还包括内在的精神个性。一个优秀的职业形象，应当是外在形象与内在精神个性的完美结合。这种结合使个人的形象更具深度和魅力，从而展现出独特的个性魅力。

（2）形与色结合。在形象设计中，形状和色彩是两个关键元素。形状决定了一个人的体态和气质，而色彩则能传达人的情感和个性。因此，在职业形象塑造中，必须注重形与色的和谐统一，以营造出更好的整体效果。

（3）健与美结合。健康是美的基石，只有健康的人才能真正展现出美的魅力。在职业形象塑造中，必须注重保持身体健康，同时注重体态和气质的培养，以达到健与美的完美结合。

（4）男女有别。男以刚为美，女以柔为美。男性和女性在生理特征、心理需求和审美观念上都有所不同。因此，在职业形象塑造中，必须注重个性差异，根据性别特点进行有针对性的设计。男性以刚为美，女性以柔为美，这种差异不仅体现在外表上，还体现在内在的精神气质上。

2. 实用性原则

对职业形象塑造而言，实用性原则不仅关乎职业形象塑造本身的效果，还涉及与形象有关的各种因素，如个人的工作、生活和所处环境等。个人形象的塑造要适用于实际生活。

3. 经济性原则

经济性原则是职业形象塑造中必须遵循的原则。例如，为了适应各种社交场合的需要，女性的化妆盒由放置梳妆台上的箱柜逐渐演变为适合随身携带的小盒，设计者在盒盖内装上一面小镜子，便于随时化妆；还有的化妆盒装上了微型电珠，在任何情况下一打开化妆盒就亮起来，方便在暗处化妆。这样的化妆盒成本很低，但设计巧妙、样式新颖、加工精细、使用方便，因而大受青睐。这种艺术与经济的结合，促进了职业形象塑造的发展和生活的现代化。

4. 自然和谐原则

自然和谐的美是最吸引人的。职业形象塑造的最终目的是通过各种美学元素的组合、重叠、取舍来使个体形象产生美。无论形象塑造的构想怎样，无论选用材料的性质与性能怎

样，无论形象设计各种元素之间的组织配合怎样，其终极目标都是使受众的各种感官在接受过程中产生一种和谐感，这种和谐感就是创造美的关键和诀窍。

5. TPO 原则

TPO原则包括以下3个方面。

（1）T为time的缩写，指时间。具体是指在进行职业形象塑造时要体现出时代感，所设计的形象要符合同时代多数人的审美要求。

（2）P为place的缩写，泛指地域、目标、对象等。具体是指着装者的服饰和装扮搭配要得体。

（3）O为object的缩写，指目的、目标、对象等。具体是指着装者要根据自身条件用化妆、发型、服饰等扬长避短，突出个性，

6. 美观性原则

职业形象塑造最直接的目标是在形式上达到美的效果，因此外形的美观是必需的。形式上的美观不是职业形象塑造的全部内容，行为、语言、气质方面良好的表现也同样不可或缺。外在美是传达美的精华的有效途径，是实现良好形象设计效果的基础。

7. 个性化原则

个性主要是指个人先天具有的，或者通过后天磨炼与修养形成的独特的性格、气质和行为。具有不同容貌、形体、性格、气质、文化素质、年龄的人有不同的整体形象。因此，个体的职业形象塑造应充分展示其个性化。个性是个人魅力的核心所在，也是个人形象的标志与符号，在整体职业形象塑造中，适当展现个性更利于让对方记住自己。

任务工单

工单一：礼仪修养的培养训练

【工单准备】

（1）1个春节PPT背景图，每组学生都有分别写着长辈和晚辈的标签。

（2）空白纸若干张，马克笔1支。

【工单实施】

利用教室内的多媒体播放春节PPT背景图，将教室简单布置成过年的场景。全班学生分好小组，每组安排一名学生扮演长辈，其他学生扮演晚辈。多媒体展示场景问题：在以下过年场景中，晚辈应该怎么说、怎么做，才符合良好的礼仪修养要求呢？

（1）说过年吉利话时。

（2）长辈给红包时。

（3）与长辈通话时。

（4）去长辈家拜年时。

请每组学生选择以上一个场景进行模拟训练。

工单二：职业气质匹配训练

【工单准备】

（1）20张印有职业身份的名牌标签。

（2）掌握职业气质的10种类型。

【工单实施】

（1）学生分组，每组派2人上台随机将以下名牌标签（记者、演员、消防员、纺织工、印刷工、秘书、办公室职员、律师、警察、作家、驾驶员、飞行员、救生员、潜水员、采购人员、批发商、推销人员、个体商贩、农民、自然科学研究者）贴在身上。

（2）各组讨论这些职业具有哪种职业气质，派代表上台说明原因，并将各组的原因记录如下。

_____

_____

_____。

【任务评价】

请根据本任务的学习和实践训练，分别按照学生自评和教师评价的方式填写表1—1—1的评价内容，并计算出累计得分和总计得分。同时，记录在学习过程中的收获、发现的不足和提出的改进方法。

表1-1-1　认识职业形象塑造任务评价表

评价内容	要求	分值（分）	学生评价（分）	教师评价（分）
专业知识及技能	（1）能运用基本理论进行实践	15		
	（2）能在教师指导下，完成礼仪修养和职业气质的匹配训练	15		
专业态度及素养	（1）能够恰当地运用仪态规范	5		
	（2）能够改正不良仪态	5		
小组活动	（1）具有团队协作精神	5		
	（2）具有学习纪律性	5		
小计		50		
总计		100		
在学习过程中的收获：				
在学习过程中发现的不足：				
提出的改进方法：				

思 考 练 习

(1) 简述服务人员职业形象塑造的概念、目的及作用。

(2) 试述职业形象塑造中包含的形式美法则。

任务1-2　服务人员职业形象塑造

▶**学习目标**◀

(1) 通过对服务人员形象与气质的了解和学习，理解服务人员形象与气质的特殊性。

(2) 通过对服务人员形象与气质的了解和学习，掌握服务人员形象与气质的培养方法。

(3) 通过对服务人员礼仪与行为习惯的了解和学习，掌握服务人员礼仪与行为习惯的培养方法。

▶**案例导入**◀

在某地高铁列车车厢里，一位乘客与乘务员发生了争吵。

乘务员：靠边靠边，塞在门口为哪样？

乘客：同志，态度好一点嘛。

乘务员：态度？态度多少钱一斤？

乘客：刚才我不是说了吗，我到下一站就下车。我在门口等怎么了？

乘务员：我不也跟你说了吗，你花那点钱坐车，还想买什么态度？

回答问题：

① 该案例中的乘务员是否注意到自身的职业形象塑造问题？

② 良好的职业形象应该包括哪些方面？

一、服务人员形象与气质的培养

（一）服务人员形象与气质的特殊性

服务人员仅有漂亮的外表是远远不够的，还必须具备良好的职业素质，而美好的气质就是其中之一。人们将服务人员的气质定位为谦和、可亲、优雅、大方，具体体现在服务人员甜美的微笑、亲切的话语、谦虚的态度、全方位的服务等方面。

优秀的服务人员能将美丽的外表和优雅的气质结合起来，既让人赏心悦目，又能更好地服务于顾客。由于服务人员的职业核心是服务于人，所以即便其形象并没有那么美丽，也会因周到细致的服务、富有亲和力的态度等获得盛赞。这就是服务人员形象与气质的特殊性，区别于单纯的视觉感官上的欣赏，而更多地表现在适应服务对象的心理诉求方面。形象是直观的，而气质则要通过人与人之间的交往过程来体现。服务人员的服务过程恰恰就是与人交往的过程。因此，对于服务人员气质上的要求更高。

（二）服务人员形象与气质的培养

服务人员要根据职业需要，加强外在形象与内在气质的培养。

1. 外在形象的培养

一般来说，服务人员的服装以整洁、大方并富有职业气息的制服为主。服务人员的服饰包括衣服、鞋袜、领结、丝巾、手表等，这些服饰都应尽量保持一致并且维持整洁、平整。除着装要求以外，服务人员应保持露出额头、齐耳的发型，佩戴的首饰等也应与服装、发型等相适合，避免样式过于复杂和色彩繁杂，要体现出干练、简洁的职业特点。

适度的化妆可以为服务人员增添美感，使其显得富有朝气，让顾客赏心悦目，给顾客留下良好的第一印象。服务人员切忌浓妆艳抹，以免给顾客留下轻浮的不良印象。

提到化妆时，人们往往只会将其与女性联系在一起，而随着人们生活水平的日益提高，越来越多的男性对自己的仪容、仪表也开始重视起来。男性服务人员化妆应注重改善气色方面，这样既能体现男性的阳刚，又能体现与职业相匹配的亲和力。服务人员在化妆时应注意正确地使用化妆品，同时要掌握较高的化妆技能，避免妆容不适当或有过重的脂粉味。

2. 内在气质的培养

服务人员可以通过友善的态度、良好的沟通等方面进一步在顾客面前树立良好的职业形象，培养使顾客满意的行为习惯，提升自己的内在气质。服务人员要有良好的表达能力，注意说话声音的大小及语言、非语言表达技巧等。服务人员要态度亲善、友好，在与顾客语言沟通和服务的过程中，如果能恰到好处地运用面部表情及肢体语言，就可使顾客有良好的心理感受，产生宾至如归的感觉。

在服务过程中，服务人员要做到有礼有节、高效服务，培养良好的习惯，规范自己的职业操守。在服务过程中，服务人员要关注顾客的情况，适时发现顾客的需求，甚至可以通过顾客的一个表情或动作立刻理解顾客的诉求，并及时予以处理；要热情、主动地跟顾客打招呼。此外，服务人员要勤于思考，善于创新，为提高服务质量动脑筋、想办法，特别是在处理突发事件或各种矛盾冲突时，要沉着冷静、灵活应对。

3. 性格与人际关系的培养

有人将性格分为9种，即完美型、领导型、平和型、理智型、自我型、助人型、活跃型、忠诚型和成就型，这几种性格类型各有特点。

（1）完美型的人具有高标准，注重细节，善于分析问题，对自我和他人的要求都极高。这种性格类型的人在人际关系中往往会过于挑剔，导致与他人产生摩擦。然而，他们的挑剔也可以转化为一种积极的推动力，促使他人进步。

（2）领导型的人是天生的领导者，具有强烈的自信和决心，喜欢指导他人，重视权威和规则。他们在人际关系中可能会过于强势，但他们的领导才能和决策能力往往能带领团队走出困境。

（3）平和型的人具有宽容和耐心，善于稳定局面，是周围人的安慰者和协调者。他们在处理人际关系时往往能保持冷静，是群体中的稳定因素。然而，他们也可能因过于迁就他人而忽视了自己的需求和感受。

（4）理智型的人以逻辑和理性著称，善于分析问题，喜欢思考和探索。他们在处理人际关系时往往能以理性和公平的态度对待他人，但也可能因过于理性而忽视了情感的因素。

（5）自我型的人具有艺术家的气质，富有创造力，善于表达自我。他们在处理人际关系时可能因过于以自我为中心而忽视了他人的感受和需求。然而，他们的创造力和独特的视角往往能为群体带来新的价值和意义。

（6）助人型的人具有强烈的同情心和同理心，喜欢帮助他人。他们在处理人际关系时往往能以温暖和关怀的态度对待他人，但也可能因过于关注他人而忽视了自己的需求和感受。

（7）活跃型的人具有充沛的活力和精力，善于寻找乐趣和新的体验。他们在处理人际关系时往往能以积极和开放的态度对待他人，但也可能因过于活跃而忽视了责任和承诺。

（8）忠诚型的人具有高度的忠诚感和责任感，对朋友和团队有着深厚的感情。他们在处理人际关系时往往能以忠诚和信任的态度对待他人，但也可能因过于忠诚而忽视了自我保护。

（9）成就型的人具有强烈的成就欲望，追求成功和认可。他们在处理人际关系时往往能以积极和进取的态度对待他人，但也可能因过于追求成功而忽视了与他人的情感联系。

由于服务职业的特殊性，复合型性格的人从事服务职业较为理想。这就要求服务人员既要像完美型的人那样用高标准来要求自己，又要具备领导型的人的外向和果敢；既有平和型的人的沉静、善解人意，又能像理智型的人那样善于思考、克制冲动。服务人员在工作中有活跃型的人的乐观和创意，还有忠诚型、成就型的人的爱岗敬业精神和干劲，更重要的是要有助人型的人的热情和爱心等。要成为一名优秀的服务人员并非易事，因此服务人员要严格地要求自己，使自己的性格向积极、健康的方向发展。

良好的人际关系是一个人成功的重要因素。根据服务职业的要求，服务人员要与人建立良好的合作关系，不仅包括上下级、同事间的合作关系，还包括在短暂的服务过程中与顾客建立良好的合作关系，这就需要服务人员具备较好的沟通能力和表达能力，能够建立良好的人际关系。

二、服务人员礼仪与行为习惯的培养

1. 学会倾听、宽容

有这样一则寓言：在一个寒冷的冬天，两只刺猬挤到一起御寒取暖，但各自身上的刺刺得对方疼痛不堪，它们不得已又马上分开以保持一定的距离。如此反复试探，最后它们终于找到了最佳的间隔距离，在得到温暖的同时又不至于互相刺到对方。这个距离便是人际交往中的心理距离。这种心理距离可以体现在人与人交往的礼节上。

在服务过程中，服务人员要注重使用礼貌用语，对顾客的询问要及时应答，说话时要礼貌地注视服务对象。迎客和送客时的语言要发自内心，用微笑辅助亲切的话语，给顾客宾至如归的感觉，为顾客营造轻松愉快的心境和氛围。从整体上来讲，服务人员要做到站姿挺拔，走姿优美，坐姿端庄，主动、适时地给予顾客礼貌的问候、亲切的关怀等。因此，服务人员要养成良好的行为习惯，给顾客留下礼貌、态度良好的印象。具体方法如下。

（1）学会倾听。倾听是一门艺术，也是一种能力，学会倾听要比学会诉说难得多。倾听有时比说千言万语更能打动对方的心，能使个体更加受人欢迎。服务人员在服务过程中，能友好地面对顾客、倾听顾客的需求是富有亲和力的最佳体现。在倾听顾客说话时，服务人员要面带微笑，身体略向前倾，用目光与顾客亲切对视，态度温和；对顾客的询问要耐心地解答，当顾客有不理解和烦躁的情绪时，更要耐心地询问和解释，做好安抚工作。有时服务人员良好的倾听态度能鼓励顾客更好地表达，消除顾客的不良情绪，并能够在顾客心中留下良好而深刻的印象。

（2）学会宽容。宽容代表豁达、理解和尊重。宽容蕴含着谦虚和真诚，也蕴含着对他人的包容与尊重。服务人员在服务过程中，或多或少都会遇到一些意外或误会，面对顾客的不理解或指责，服务人员要学会宽容，这样不仅能化解矛盾，还能让自己的内心得到平静。学会宽容能使人心胸开阔，能使人更好地生活。很多时候宽容会使人们产生一种良好的感觉，使人们感到愉悦和温暖，使生活和工作中少些怨气和烦恼，多些快乐和满足。

当然，宽容并不是无原则地放纵，也不是忍气吞声、逆来顺受。宽容是一种有益的人生态度，是君子之风。学会宽容能使人们更多地发现人生的美好，感受工作和生活中的乐趣。

2. 培养良好的心态

心态是性格和态度的统一，态度是心态反应的表现，也就是说有什么样的心态，就决定了个体对事物会采取什么样的态度。好心态是指个体的个性特征、认知、情绪、意志、行为等处于埋想的完美状态，具体体现为认知合理、情绪适当、意志坚定、行为理性、幸福感强等。好的心态使人无论面对何事都能保持乐观、开朗的情绪，对生活或某些事物有一种积极的态度。

在生活中，人们需要勇气，而勇气的根源是意志。服务人员要具备坚强的意志，这样才能从容地应对可能发生的各种情况。在提供服务过程中，除了为顾客提供服务，服务人员还有可能遇到一些突发事件，虽然服务人员平时接受过这方面的训练，但在实际中能否沉着、冷静地应对，就是对服务人员勇气的考验。

3. 注意细节

在服务过程中，以下细节有助于服务人员更好地服务顾客。

（1）要留意引导顾客跟随你进入餐厅就座，不能只顾自己前行。

（2）负责礼貌地将所有到餐厅用餐的顾客迎入餐厅，合理地安排顾客就座。如均匀带顾客入座，避免使楼面有过分挤迫或疏落的感觉，遇有粗鲁或衣着随便的顾客，应带往偏角处就餐，勿带到近门口位，以免影响观瞻，但语言态度需体现尊重。

任务工单

工单一：服务场景模拟训练1

【工单准备】

（1）准备顾客和服务人员的名牌标签。

（2）学生分组，安排一个学生扮演顾客，其余学生扮演服务人员。

（3）准备一张餐饮店的菜单，包括菜品和价格。

【工单实施】

模拟餐饮店中顾客点单的场景，按照"客人下单—服务人员倾听"的流程，连贯地演示下来。请学生围绕本任务的知识要点，对本小组内的其他表演者的表演进行评价，并记录下来。

_____

_____

_____。

工单二：服务场景模拟训练2

【工单准备】

（1）准备顾客和服务人员的名牌标签，学生分组。

（2）一个学生扮演顾客，其余学生扮演服务人员。

【工单实施】

模拟顾客离去时的送客、拉门、按电梯、叫出租车等场景，扮演服务人员的学生在送客时应礼貌地说"请再光临""多谢惠顾""再见""慢行"等礼貌用语，连贯地演示下来。请学生围绕本任务的知识要点，对本小组内的其他表演者的表演进行评价，并记录下来。

_____

_____

_____。

【任务评价】

请根据本任务的学习和实践训练，分别按照学生自评和教师评价的方式填写表1—2—1的评价内容，并计算出累计得分和总计得分。同时，记录在学习过程中的收获、发现的不足和提出的改进方法。

表1-2-1　服务人员职业形象塑造任务评价表

评价内容	要求	分值（分）	学生评价（分）	教师评价（分）
专业知识及技能	（1）能运用基本理论进行实践	15		
	（2）能在教师指导下，完成服务人员服务场景模拟训练	15		
专业态度及素养	（1）能够恰当地运用仪态规范	5		
	（2）能够克服不良仪态	5		

（续表）

评价内容	要求	分值（分）	学生评价（分）	教师评价（分）
小组活动	（1）具有团队协作精神	5		
	（2）具有学习纪律性	5		
小计		50		
总计		100		

在学习过程中的收获：

在学习过程中发现的不足：

提出的改进方法：

思考练习

（1）简述服务人员形象和气质的内涵。

（2）简述礼仪修养的培养方法。

（3）试述培养服务人员职业形象和气质的方法。

模块 2 仪态塑造

通过本模块学习，可以了解服务人员正确的站姿、坐姿、形姿、手势和表情等职业要求，掌握基本仪态规范知识，并运用到实际工作中。

任务2-1 站姿训练

站姿是人静态的造型动作，优美、典雅的站姿是展现人的不同动态美的基础和起点。女性应是亭亭玉立、文静优雅的；男性应是刚劲挺拔、稳健大方的。

▶ **学习目标**

(1) 通过对基本站姿的了解和学习，掌握正确的女性站姿职业要求。

(2) 通过对基本站姿的了解和学习，掌握正确的男性站姿职业要求。

▶ **案例导入**

古人云："故始有礼仪之正，方可有心气之正也。"良好的修养是文明礼仪的基础，而一个人的仪态是其内在修养和素质的外在表现。《史记》中有这样一个故事：有一次，楚人司马李主在长安东市占卜，西汉的中大夫宋忠和博士贾谊一起去见识这位卜者的风采，这位学问渊博的卜者在分析天地自然的运行规则、日月星辰的运行法则时侃侃而谈，使宋忠和贾谊收获很大，感悟颇多。他们听后不由得肃然起敬，于是"猎缨正襟危坐"，把帽子戴正，系好帽带，端正衣襟，恭敬地坐好，以示对这位学者的尊敬。

回答问题：从这个故事中你得到什么启示？

一、女性常用站姿体态

1. 女性基本站姿

（1）侧放式站姿：身体立直，抬头挺胸，下颌微收，双目平视，嘴角微闭。双手自然垂直于身体两侧，双膝并拢，两腿绷直，脚跟靠紧，脚尖分开呈"V"字形。侧放式站姿如图2-1-1所示。

微课 站姿

（2）腹前握手式站姿：身体立直，抬头挺胸，下颌微收，双目平视，嘴角微闭，面带微笑，两脚尖略分开，右手搭在左手上轻贴于腹前，身体重心可放在两脚上，也可放在一脚上，通过重心的移动减轻疲劳。腹前握手式站姿如图2-1-2所示。

图2-1-1 侧放式站姿　　　　　　　　　　　图2-1-2 腹前握手式站姿

2. 女性站姿训练标准

女性站姿训练标准见表2-1-1所列。

表2-1-1 女性站姿训练标准

内容	训练标准
靠墙站立练习	要求脚跟、小腿、臀、双肩、后脑勺都靠墙站紧贴墙，每次坚持15～20分钟，练习站立动作的持久性与挺拔感
两人一组练习	要求背靠背，以双方的髋部、肩部、后脑勺为接触点，练习站立动作的稳定性
面对训练镜练习	身体立直，抬头挺胸，下颌微收，双目平视，嘴角微闭，面带微笑，两脚尖略分开，右手搭在左手上轻贴于腹前，完善站姿的整体形象

保持正确站姿的注意事项如下。

(1) 站立时，切忌东倒西歪，无精打采，懒散地倚靠在墙上、桌子上等。

(2) 不要低着头、歪着脖子，不要含胸、耸肩、驼背。

(3) 不要将身体的重心明显地移到身体的一侧，不要只用一条腿支撑身体。

(4) 身体不要下意识地做小动作。

(5) 在正式场合，不要将双手插在裤袋里面，切忌双手交叉抱在胸前，或双手叉腰。

(6) 双手放于左右站立时，注意两脚之间的距离不能过大。

(7) 不要两腿交叉站立。

二、男性常用站姿体态

1. 男性基本站姿

(1) 标准式站姿：身体立直，抬头挺胸，下颌微收，双目平视，嘴角微闭，双手自然垂直于身体两侧，双膝并拢，两腿绷直，脚跟靠紧，脚尖分开呈"V"字形。标准式站姿如图2—1—3所示。

(2) 后背式站姿：男性两脚可稍分开，但距离不超过肩宽。这种站姿优美中略带威严，双眼平视前方，嘴唇微闭，面带微笑，下颌微收，双肩放松，收腹立腰，提臀拔背，双手背于体后。后背式站姿如图2—1—4所示。

图2—1—3　标准式站姿　　　　　　　　图2—1—4　后背式站姿

2. 男性站姿训练标准

男性站姿训练标准见表2—1—2所列。

表2-1-2 男性站姿训练标准

内容	训练标准
靠墙站立练习	要求脚跟、小腿、臀、双肩、后脑勺都靠墙站紧贴墙，每次坚持15~20分钟，练习站立动作的持久性与挺拔感
两人一组练习	要求背靠背，双方的髋部、肩部、后脑勺为接触点，练习站立动作的稳定性
面对训练镜练习	身体立直，抬头挺胸，下颌微收，双目平视，嘴角微闭，面带微笑

任务工单

工单一：女性站姿训练

【工单准备】

（1）女生穿着鞋跟在3~4 cm的船型皮鞋和裙长至膝部卜3~5 cm的职业套裙。

（2）纸张若干、书本。

【工单实施】

（1）贴墙练习。分组练习，小组成员互相纠正不良姿态，并将小组成员的问题及解决办法填写在表2-1-3中。

（2）背靠背练习。两人一组进行背靠背练习，在小腿、臀部、双肩和后脑勺处各放一张纸，练习期间纸张不能掉下。建议播放背景音乐以缓解疲劳，并将小组成员的问题及解决办法填写在表2-1-3中。

（3）顶书练习。分组练习，小组成员互相纠正不良姿态，并将小组成员的问题及解决办法填写在表2-1-3中。

（4）对镜练习。面对镜子，检查自己的站姿及整体形象，发现问题及时纠正，并将小组成员的问题及解决办法填写在表2-1-3中。

表2-1-3 女士站姿训练中存在的问题及解决办法

练习项目	存在问题	解决办法
贴墙练习		
背靠背练习		
顶书练习		
对镜练习		

工单二：男性站姿训练

【工单准备】

（1）男生穿皮鞋，身着制服。

（2）纸张、书本准备。

【工单实施】

（1）贴墙练习。分组练习，小组成员互相纠正不良姿态，并将小组成员的问题及解决办法填写在表2—1—4中。

（2）背靠背练习。两人一组进行背靠背练习，在小腿、臀部、双肩和后脑勺处各放一张纸，练习期间纸张不能掉下。建议播放背景音乐以缓解疲劳，并将小组成员的问题及解决办法填写在表2—1—4中。

（3）顶书练习。分组练习，小组成员互相纠正不良姿态，并将小组成员的问题及解决办法填写在表2—1—4中。

（4）对镜练习。面对镜子，检查自己的站姿及整体形象，发现问题及时纠正，并将小组成员的问题及解决办法填写在表2—1—4中。

表2-1-4　男性站姿训练中存在的问题及解决办法

练习项目	存在问题	解决办法
贴墙练习		
背靠背练习		
顶书练习		
对镜练习		

▶ **知识拓展**

躬身致礼站姿

以标准的站姿站立，态度热情、目光柔和、面带微笑、神态自然，向顾客鞠躬、问候。应注意，鞠躬时上身抬起的速度应该比上身弯下去的速度略慢一些，鞠躬时要注意眼神与他人的交流，眼神应该与头部动作保持一致。

鞠躬时保持全身面对受礼者，站姿正确，脚尖分开呈"V"字形或者用丁字步站立，两手自然相握，和腹前握手式站姿的手上姿态一样。

躬身的角度可分为两类：15°和30°。躬身15°多用于致谢；躬身30°多用于欢迎和送别。鞠躬时要做到挺胸、收腹，腰部以上略微前倾；头、颈、背保持三点线，以腰部为轴心向前弯曲。

【任务评价】

请根据本任务的学习和实践训练，分别按照学生自评和教师评价的方式填写表2—1—5的评价内容，并计算出累计得分和总计得分。同时，记录在学习过程中的收获、发现的不足和提出的改进方法。

表2-1-5　站姿训练任务评价表

评价内容	要求	分值（分）	学生评价（分）	教师评价（分）
专业知识及技能	（1）能运用基本理论进行实践	10		
	（2）能在教师指导下，完成站姿仪态规范训练	10		
	（3）能够根据不同的岗位要求正确地运用站姿礼仪	10		
专业态度及素养	（1）能够恰当地运用仪态规范	5		
	（2）能够克服不良仪态	5		
小组活动	（1）具有团队协作精神	5		
	（2）具有学习纪律性	5		
小计		50		
总计		100		

在学习过程中的收获：

在学习过程中发现的不足：

提出的改进方法：

思考练习

（1）女性站姿规范的手位摆放方法有哪些？

（2）在每天早读课前，请以小组为单位在教学楼各楼层站礼仪岗，热情迎接每位教师和学生的到来，展示良好的礼仪形象。

任务2-2　坐姿训练

坐是举止的主要内容之一，正确的坐姿给人以端庄、稳重的感受。坐姿文雅并非是一项简单的技能，坐姿不正确，不但不美观，而且容易造成驼背、脊柱侧弯等。优美规范的坐姿基本要求是"坐如钟"，即坐相要像钟那样端正，给人以端庄、大方、自然、稳定的感觉。对于职场人士而言，无论是工作还是休息，坐姿都是经常采用的姿势之一。

▶学习目标

（1）通过对基本坐姿的了解和学习，掌握正确的女性坐姿职业要求。
（2）通过对基本坐姿的了解和学习，掌握正确的男性坐姿职业要求。

▶案例导入

就读酒店专业的小方在参加毕业双选会时，在集体面试中最后胜出，他一直不明白，自己并不是所有人中最优秀的，为什么自己就被录取了呢？他百思不得其解。入职后，负责招聘的HR（Human Resources，人力资源）和小方说："酒店的服务工作除了要求有一定的能力，还严格要求该职位人选的仪态，因为服务人员在工作中无时无刻都向客人展示着酒店的形象。在面试最后剩下的两个人中，另一人能力和你差不多，但是唯一不如你的是，在坐姿、谈吐上不够优雅得体。"小方听完，舒了一口气，他想不到坐姿也会影响录用。

微课　女士坐姿

回答问题：
① 你平时注意坐姿吗？
② 你了解哪些坐姿姿态？

一、女性常用坐姿体态

1. 女性基本坐姿

（1）标准式坐姿：上体自然挺直，双肩平整放松，双膝、双脚自然并拢，坐满椅子的2/3，右手搭放在左手上，置于两腿中间或一条腿上，头正，嘴角微闭，下颌微收，双目平视，面带微笑。标准式坐姿如图2-2-1所示。

（2）侧点式坐姿：双腿并拢，双脚向左侧或者向右侧斜放，斜放后的腿部与地面呈45°夹角。采用此坐姿小腿可尽量地延伸拉长，可以凸显腿部线条。侧点式坐姿如图2-2-2所示。

（3）侧挂式坐姿：在侧点式坐姿的基础上，两腿交叠，双膝和小腿并拢，右腿轻轻搭于左腿之上，右脚离地，右脚脚面贴住左脚脚踝，并且右脚脚背始终保持紧绷的状态，左脚内侧着地，上身稍微向右转。采用此坐姿也可尽量拉长腿部线条，让腿部显得修长美观。侧挂式坐姿如图2-2-3所示。

（4）前交叉式坐姿：在前伸式坐姿的基础上，右脚略向后退回一点，与左脚交叉在一起，双手交叠放于大腿之上，贴近腹部前。此坐姿可用于非正式场合。前交叉式坐姿如图2—2—4所示。

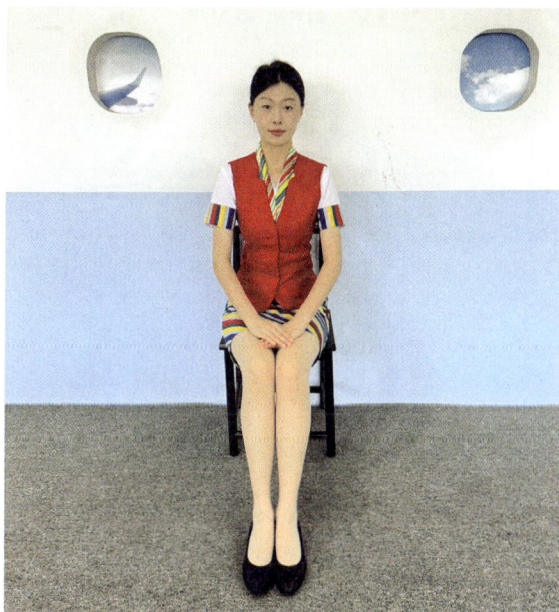

图2—2—1 标准式坐姿

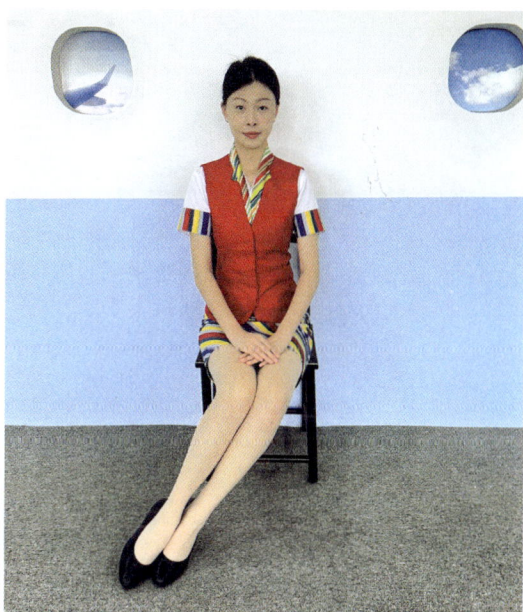

图2—2—2 侧点式坐姿

图2—2—3 侧挂式坐姿

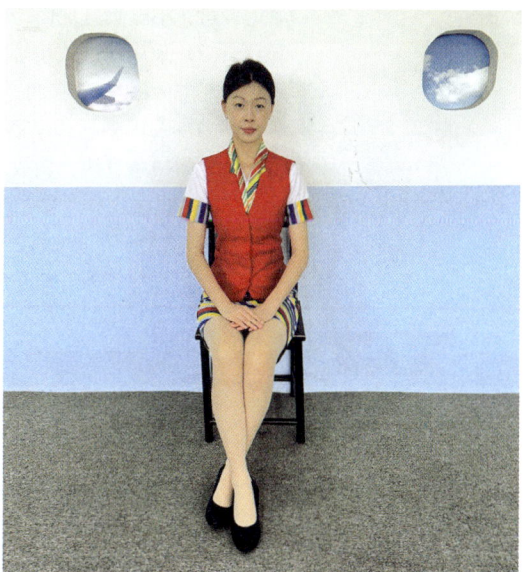

图2—2—4 前交叉式坐姿

2. 女性坐姿训练标准

女性坐姿训练标准见表2—2—1所列。

表2-2-1　女性坐姿训练标准

内容	训练标准
基本坐姿练习	（1）入座时，要轻而缓，走到座位前面转身，右脚后退半步，然后轻稳地落座，动作要求轻盈舒缓、从容自如； （2）坐下前，女性用手将裙子向前拢一下； （3）坐下后，上身直正，头正目平，嘴巴微闭，脸带微笑，腰背稍靠椅背，两手相交放在腹部或两腿之上，两腿平落地面
入座前的动作	（1）面对训练镜进行训练，以站在座位的左侧为例，左腿先向前迈出一步，右腿再跟上并向右侧迈一步到座位前，左腿并右腿，右脚后退半步，轻稳落座； （2）入座后右腿并左腿呈端坐，双手虎口处交叉，右手在上，轻放在一侧的大腿上
离座动作	（1）离座起立时，右腿先向后退半步，然后上体直立站起，收右腿； （2）从左侧还原到入座前的位置
两手摆法	（1）有扶手时双手轻搭扶手或一搭一放； （2）无扶手时，两手相交或轻握放于腹部；左手放在左腿上，右手搭在左手背上；两手呈八字形放于腿上
两腿摆法	（1）采用标准式坐姿时，两腿相靠，女性上身与大腿、小腿都应当形成直角，小腿垂直地面，两腿相靠； （2）采用侧挂式坐姿时，两腿向左或向右并拢自然倾斜于一方，斜放后的腿部与地面呈45°夹角； （3）采用侧挂式坐姿时，一腿叠在另一腿上，叠放后的两腿之间没有缝隙，犹如一条直线，斜放后的腿部与地面呈45°夹角
两脚摆法	（1）脚跟与脚尖全靠或一靠一分； （2）也可一前一后或右脚放在左脚外侧

▶知识拓展▶

客舱坐姿

客舱坐姿要求乘务人员精神饱满，面带微笑，下颌微微内收，目光平视前方或注视交谈对象。在客舱内，女乘务员就座时一手扳动坐垫，一手整理裙摆平稳入座，就座后两腿并拢，上身紧靠椅背，小腿与地面垂直，双手叠放在大腿上，不可以在乘客面前跷二郎腿或抖动腿。

二、男性常用坐姿体态

1. 男性基本坐姿

（1）正襟危坐式坐姿。正襟危坐式坐姿被认为是最基本的坐姿，适用于正规场合。要求上身与大腿、大腿与小腿都应当形成直角，小腿垂直于地面，双膝双脚的距离以两拳左右为宜。正襟危坐式坐姿如图2－2－5所示。

（2）垂腿开膝式坐姿。垂腿开膝式坐姿多为男士所用，也较为正规，要求男性上身与大腿、大腿与小腿皆呈直角，小腿垂直于地面，双膝分开，但不得超过肩宽。垂腿开膝式坐姿如图2－2－6所示。

微课　男士坐姿

图2－2－5　正襟危坐式坐姿

图2－2－6　垂腿开膝式坐姿

（3）大腿叠放式坐姿。大腿叠放式坐姿主要用于非正式场合，主要适用于男性，要求两条腿在大腿部分叠放在一起，叠放后的下方那条腿的小腿垂直于地面，脚掌着地；叠放后上方那条腿的小腿内收，脚尖向下。大腿叠放式坐姿如图2－2－7所示。

2. 男性站姿训练标准

男性坐姿训练标准见表2－2－2所列。

图2－2－7　大腿叠放式坐姿

表2-2-2 男性坐姿训练标准

内容	训练标准
基本坐姿练习	(1) 入座时，要轻而缓，走到座位前面转身，右脚后退半步，然后轻稳地落座； (2) 坐下后，上身直正，头正目平，嘴巴微闭，脸带微笑，腰背稍靠椅背，两手相交放在腹部或两腿上，两腿平落地面
入座前的动作	(1) 面对训练镜进行训练，以站在座位的左侧为例，先左腿向前迈出一步； (2) 右腿跟上并向右侧迈一步到座位前，左腿并右腿，然后右脚后退半步，轻稳落座；入座后右腿并左腿呈端坐状，双手虎口处交叉，右手在上，轻放在一侧的大腿上
离座动作	(1) 离座起立时，右腿先向后退半步，然后上体直立站起，收右腿； (2) 从左侧还原到入座前的位置
两手摆法	两手相交或轻握放于腹部；左手放在左腿上，右手搭在右腿上
两腿摆法	(1) 采用正襟危坐式坐姿时，上身与大腿、大腿与小腿都应当形成直角，小腿垂直于地面，双膝双脚和两脚跟都并拢； (2) 采用垂腿开膝式坐姿时，上身与大腿、大腿与小腿皆呈直角，小腿垂直地面，双膝分开，但不得超过肩宽； (3) 采用大腿叠放式坐姿时，两条腿的大腿部分叠放在一起。叠放后的下方腿的小腿垂直于地面，脚掌着地；叠放后的上方腿的小腿内收，脚尖向下
两脚摆法	(1) 脚跟与脚尖全靠或一靠一分； (2) 一左一右脚摆开与肩同宽

任务工单

工单一：女性坐姿训练

【工单准备】

(1) 女生穿着鞋跟在3~4 cm的船形皮鞋，裙长至膝部下3~5 cm的职业套裙。

(2) 椅子，书本。

【工单实施】

(1) 对镜练习。面对镜子，检查自己的入座动作、离座动作及坐姿，发现问题及时纠正，并填写表2-2-3的内容。

(2) 顶书练习。身体坐直，头顶置书本，上身和颈部挺直，收下颌，要求书本不能掉落。每次练习5~10分钟，分组练习，小组成员互相纠正不良坐姿，并填写表2-2-3的内容。

表2-2-3 女性坐姿训练中存在的问题及解决办法

练习项目	存在问题	解决办法
对镜练习		
顶书练习		

工单二：男性坐姿训练

【工单准备】

（1）男生穿着职业制服。

（2）椅子，书本。

【工单实施】

（1）对镜练习。面对镜子，检查自己的入座动作、离座动作及坐姿，发现问题及时纠正。分组练习，小组成员互相纠正不良姿态，并将小组成员的问题及解决办法填写在表2—2—4中。

（2）顶书练习。身体坐直，头顶置书本，上身和颈部要挺直，收下颌，要求书本不能掉落，每次练习5~10分钟。分组练习，小组成员互相纠正不良坐姿，并将小组成员的问题及解决办法填写在表2—2—4中。

表2-2-4　男性坐姿训练中存在的问题

练习项目	存在问题	解决办法
对镜练习		
顶书练习		

▶ 知识拓展

克服不良坐姿

坐姿是人际交往过程中持续时间较长的一种姿态，如果出现不良坐姿，则会给对方留下难以改变的印象。要避免出现以下不良坐姿。

头：头部左、右歪斜或低头、仰头，左顾右盼，东张西望，头部靠于椅背。

肩：侧肩，耸肩，身体不正、含胸或过于挺胸。

手：手插兜或叉腰，双臂交叉抱于胸前，手腕抖动，手部置于桌上，双手抱在腿上或夹在腿间，用手触摸脚部。

腰、背：上身向前屈俯，背部弓起，腹部挺出。

腿：腿部抖动，架腿方式不当，双腿叉开过大，双腿向前直伸或放于桌上。

脚：蹬踏他物，脚抖动，脚尖指向他人，脚尖翘起。

【任务评价】

请根据本任务的学习和实践训练，分别按照学生自评和教师评价的方式填写表2—2—5的评价内容，并计算出累计得分和总计得分。同时，记录在学习过程中的收获、发现的不足和提出的改进方法。

表2-2-5　坐姿训练任务评价表

评价内容	要求	分值（分）	学生评价（分）	教师评价（分）
专业知识及技能	（1）能运用基本理论进行实践	10		
	（2）能在教师指导下完成坐姿仪态规范训练	10		
	（3）能够根据不同的岗位要求正确地运用坐姿礼仪	10		
专业态度及素养	（1）能够恰当地运用仪态规范	5		
	（2）能够克服不良仪态	5		
小组活动	（1）具有团队协作精神	5		
	（2）具有学习纪律性	5		
小计		50		
总计		100		

在学习过程中的收获：

在学习过程中发现的不足：

提出的改进方法：

思考练习

（1）在工作中容易出现的错误坐姿有哪些？

（2）男性坐姿两手摆法有哪些？

（3）女性坐姿入座前有哪些需要注意的内容？

任务2-3　行姿训练

行姿体现了动态的美，每个人都是流动的造型体，优雅、敏捷、稳重的走姿，给人以美的感受，可以展现出积极向上的精神状态。女性行姿应显示出款款轻盈的阴柔之美，尽量走一字步。男性行姿应显示出阳刚之美，应走大步。

▶学习目标

（1）通过对基本行姿的了解和学习，掌握正确的行姿职业要求。

（2）通过对基本行姿的了解和学习，掌握规范行姿应注意的问题。

▶案例导入

小章是上市公司的一位高管，有一次他咨询专家：自己走路声音很大，在安静场所所有人都听到他的脚步声，这让他觉得很不好意思，应该怎么改善？专家请他绕着会议室走一圈，然后发现他的问题并不全出在"大声"上，而是脚步声听起来琐碎没有气势。走路姿势对脚步声的影响至关重大，尤其对于领导者而言格外重要。从形象管理的角度来说，一个人走路的声音与姿势，会大大影响其他人对你的看法。

回答问题：这个故事中有哪些对你有帮助的行为习惯？

一、标准行姿的要求和要点

1. 行姿的基本要求

行姿的基本要求如下：从容，平稳，走出直线；昂首，挺胸，收腹，眼平视，双肩平稳，两臂自然下垂摆动，腿要直；前脚跟与后脚尖相距为一脚距离，行走时身体重心应稍向前，头朝正前方，眼睛平视，面带微笑，步度适中均匀，双腿前后分开。

（1）女性。女性应头部端正，目光柔和，平视前方，上身自然挺直，收腹挺腰，两腿靠拢而行，步履匀称、自如、轻盈，显示出端庄文雅的阴柔之美，如图2—3—1所示。

（2）男性。男性应抬头挺胸，收腹直腰，上身平稳，双肩平齐，目光平视前方，步履稳健大方，显示出刚强雄健的阳刚之美，如图2—3—2所示。

2. 特定情况的行姿标准

（1）与顾客迎面相遇时。在行进过程中，当顾客迎面走来时，服务人员应放慢脚步，目视客人，面带微笑、轻点头致意，并且伴随礼貌的问候语言。若在邮轮走廊等较窄的地方或楼道上与顾客相遇，则服务人员应停下脚步并面向顾客，让顾客先行，并坚持右侧通行的原则。

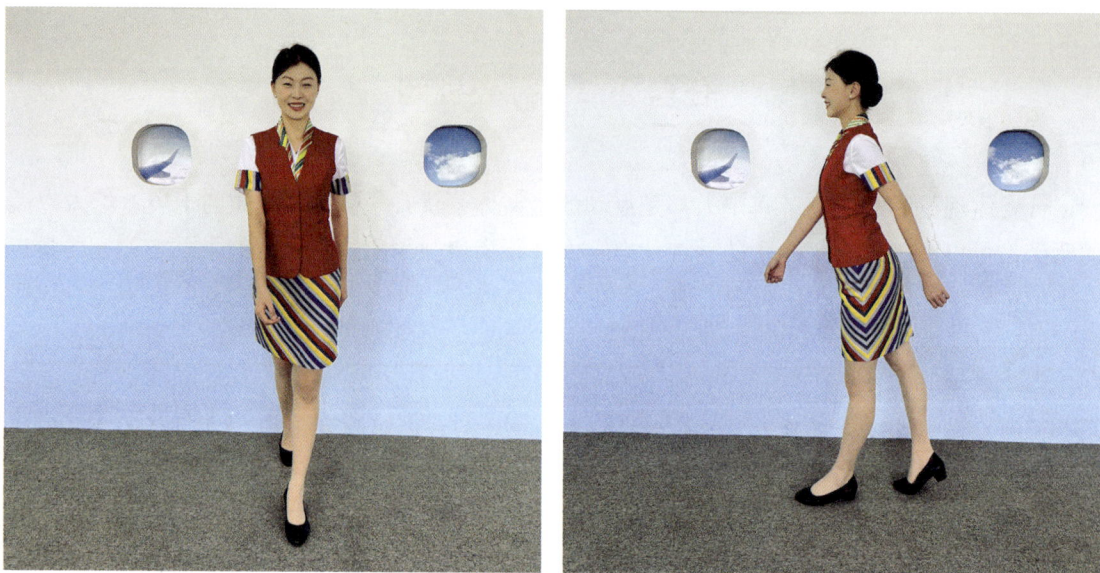

图2-3-1　女性行姿

（2）陪同引导顾客时。在服务工作中，陪同是指陪伴顾客一同行进，引导是指在行进中引领顾客，为顾客带路。与顾客同行时，应遵循"以右为尊"的原则，服务人员应处在左侧。若双方单行行进时，服务人员应走在顾客侧前方约2～3步的位置。行进速度尽量与顾客的步幅保持一致，并及时给顾客以关照和提醒。服务人员陪同引导顾客上下楼梯时应先行在前。

（3）进出电梯时。通常，服务人员陪同客人乘坐电梯时有两种情况：一是乘坐无人值守的电梯，一般请后进先出，服务人员则先进后出；二是乘坐有人值守的电梯，应请顾客先进先出，而服务人员后进后出。

（4）搀扶他人时。在搀扶他人时注意步速应主动和对方的步调保持一致。同时，考虑对方的身体因素和身体状况，在行进过程中适当地暂停几次，以使被搀扶者得以暂时休息。

3. 行姿训练标准

行姿训练标准见表2-3-1所列。

图2-3-2　男性行姿

微课　标准行姿

表2-3-1　行姿训练标准

内容	训练标准
基本行姿练习	（1）在行走时，必须保持明确的行进方向，尽可能地使自己犹如在直线上行走，不要突然转向，更忌突然大转身； （2）步幅适中。行进时迈出的步幅与本人一只脚的长度相近。即男性每步约40 cm，女子每步约36 cm； （3）速度均匀。在正常情况下，男性每分钟108～110步，女性每分钟118～120步，不要突然加速或减速； （4）重心放准。行进时身体向前微倾，重心落在前脚掌上； （5）身体协调。行进时要以脚跟首先着地，膝盖在脚步落地时伸直，腰部作为重心移动的轴线，双臂在身体两侧一前一后地自然摆动； （6）体态优美。做到昂首挺胸、步伐轻松而矫健，收腹，直起腰背，伸直腿部
陪同顾客的走姿	（1）同基本行姿练习； （2）引顾客时，位于顾客左前方2～3步处，上身稍向右转体，左肩稍前，右肩稍后，按顾客的速度前进，不时用手势指引方向、招呼顾客

4. 行姿训练要点

（1）摆臂练习。面对镜子，直立身体，以肩为轴，双臂前后自然摆动，注意检查双臂摆动的幅度是否适度，纠正过于僵硬、双臂左右摆动的问题（图2-3-3和图2-3-4）。

图2-3-3　摆臂练习

图2-3-4　对镜练习

（2）步位步幅练习。在地上画一条直线，行走时检查自己的步位和步幅是否规范、合适，纠正外八字、内八字及脚步过大或过小等不良习惯（图2-3-5～图2-3-7）。

 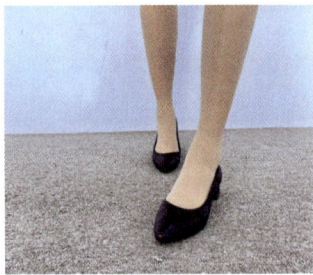 

图2—3—5　步幅练习　　　　图2—3—6　内八错误示范　　　图2—3—7　外八错误示范

（3）稳定性练习。每个学生头顶上放置一本书，进行行走训练。行走时要求头正、颈直，以纠正行走时摇头晃脑的问题。

（4）协调性练习。配以节奏感强的音乐，行走时注意掌握好走路的速度、节拍，保持身体平衡，双臂摆动对称，动作协调。

微课　规范行姿应注意的问题

二、规范行姿应注意的问题

1. 变向时行走规范

（1）后退步。向他人告辞时，应先向后退2~3步，再转身离去。退步时，脚要轻擦地面，不可高抬小腿，后退的步幅要小（图2—3—8和图2—3—9）。

 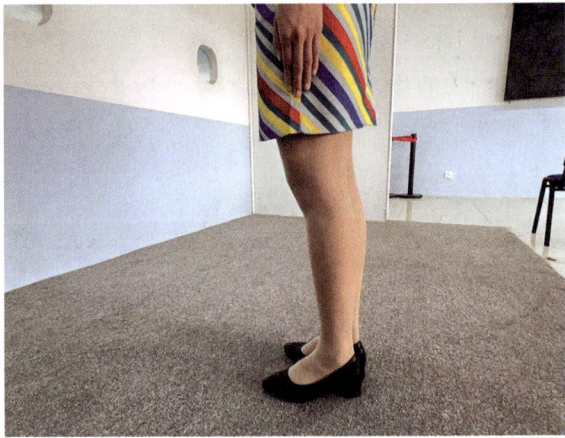

图2—3—8　后退步　　　　　　　　　　　图2—3—9　转身

（2）侧行步。当走在前面引导顾客时，应尽量走在顾客的左前方。胯部朝向前行的方向，上身稍向右转体，左肩稍前，右肩稍后，侧身向着顾客，与顾客保持2~3步的距离。当走在较窄的路面或楼道中与人相遇时，也要采用侧行步，两肩一前一后，并将胸部转向他人，不可将后背转向他人（图2—3—10和图2—3—11）。

（3）前行转身步。在行进中要拐弯时，在距离所转方向远侧的一脚落地后，立即以该脚掌为轴转过全身，然后迈出另一脚，即向左拐，要右脚在前时转身；向右拐，要左脚在前时转身（图2—3—12）。

图2-3-10　前行引导

图2　3　11　前行

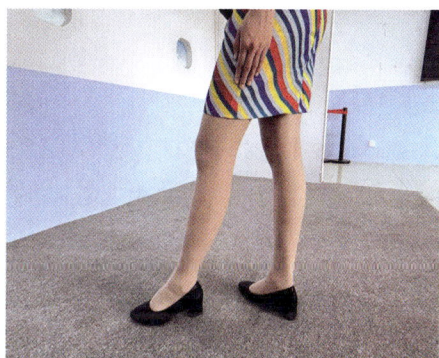

图2-2-12　前行转身步

2. 不雅走姿

不雅走姿指服务人员在工作岗位上不应当出现的行走姿势。在进行服务时，不雅走姿会对服务工作和个人形象造成不良影响。因此，要尽量避免不雅走姿的出现。不雅走姿具体如下。

（1）方向不定，忽左忽右。

（2）体位失当，摇头，晃肩，扭臀。

（3）扭来扭去的内八字步或外八字步。

（4）左顾右盼，重心后坐或前移。

（5）双手反背于身后。

（6）双手插在裤袋中。

▶知识拓展▶

不同着装在行姿上的区别

男性穿西装时，走路的幅度可略大些，以体现挺拔、优美的风度；女子着旗袍和中跟鞋时，步幅宜小些，以免因旗袍开衩较大而露出大腿，显得不美；女子着长裙行走要平稳，长裙的下摆较大，更显得女子修长、飘逸；年轻女子穿着短裙时，步幅不宜太大，步频可稍快些，以保持轻盈、活泼、灵巧、敏捷的姿态。

任务工单

工单一：行姿情景模拟

【工单准备】

（1）女生穿着鞋跟在3～4 cm的工作皮鞋，裙长至膝部下3～5 cm的职业套裙。

（2）男生穿皮鞋，身着制服。

【工单实施】

由于杭州大暴雨，原定于12日下午4点于杭州东站出发前往北京南站的G36次列车延误，无法正常出发。乘务人员则进入候车楼收到无法正常出发的消息，只能在候车楼等待天气好转。

（1）根据背景，模拟乘务人员在候车楼内的行走礼仪和接车礼仪。

（2）学生分成4个小组，选出每个小组负责人。

（3）两组学生模拟上述情景，两组学生认真观看并记录。

（4）模拟结束后每组进行讨论分析。

请将以上内容填写在表2-3-2中。

表2-3-2　行姿情景模拟存在的问题及解决办法

组号	存在问题	解决办法
小组1		
小组2		
小组3		
小组4		

工单二：行姿训练

【工单准备】

（1）女生穿着鞋跟3～4 cm的工作皮鞋，裙长至膝部下3～5 cm的职业套裙。

（2）男生穿皮鞋，身着制服。

【工单实施】

小王是一名高铁乘务员，请结合以下工作情景进行模拟演练。

（1）手拿毛毯，从2号车厢走到4号车厢。

（2）站在车厢门口迎接乘客，引领年事已高的乘客到座位就座。

（3）查验乘客车票后退步离开。

请将以上内容填写在表2—3—3中。

表2-3-3　行姿情景模拟存在的问题及解决办法

工作情景	存在问题	解决办法
手拿毛毯，从2号车厢走到4号车厢		
站在车厢门口迎接乘客，引领年事已高的乘客到座位就座		
查验乘客车票后退步离开		

【任务评价】

请根据本任务的学习和实践训练，分别按照学生自评和教师评价的方式填写表2—3—4的评价内容，并计算出累计得分和总计得分。同时，记录在学习过程中的收获、发现的不足和提出的改进方法。

表2-3-4　行姿训练任务评价表

评价内容	要求	分值（分）	学生评价（分）	教师评价（分）
专业知识及技能	（1）能运用基本理论进行实践	10		
	（2）能在教师指导下完成行姿仪态规范训练	10		
	（3）能够根据不同的岗位要求正确地运用行姿礼仪	10		
专业态度及素养	（1）能够恰当地运用仪态规范	5		
	（2）能够克服不良仪态	5		
小组活动	（1）具有团队协作精神	5		
	（2）具有学习纪律性	5		
小计		50		
总计		100		
在学习过程中的收获：				
在学习过程中发现的不足：				
提出的改进方法：				

思考练习

（1）变向时的行走规范有哪些？

（2）行姿的标准是什么？

任务2-4　蹲姿训练

　　蹲的姿势又称为蹲姿。下蹲是由站立姿势变化而来的相对静止的体态，是由站立转变为两腿弯曲、身体高度下降的姿势。服务人员在工作时难免会在众人面前捡起掉落在地上的东西或蹲下完成其他操作，这就需要采用正确的蹲姿。

▶学习目标◀

　　（1）通过对基本蹲姿的了解和学习，掌握正确的女性蹲姿职业要求。

　　（2）通过对基本蹲姿的了解和学习，掌握正确的男性蹲姿职业要求。

　　（3）通过对蹲姿的了解，掌握规范蹲姿应注意的问题。

▶案例导入◀

　　营销人员小赵在第一次与顾客合影时闹了一个大笑话，让她至今回想起来都羞愧难当。

　　当时她刚参加工作不久，非常热情地邀请伙伴和一些顾客过来参加家庭聚会，那次家庭聚会举办得非常成功，小赵的伙伴提议大家合照纪念一下。因为当时参加聚会的人比较多，所以拍照的小王要求小赵和一帮伙伴在前排下蹲。因为突然大幅度下蹲，小赵不慎当众摔倒了，虽然她很快在伙伴的搀扶下站了起来，但还是被顾客们看到了，小赵非常羞愧。那次当众失仪让她至今耿耿于怀。

　　从这个例子可以看出，不当的蹲姿会让自己有失体面，直接影响个人形象，给自己和顾客都留下不愉快的记忆。因此，练习得当的蹲姿非常重要。

　　回答问题：请根据这个故事归纳一下蹲姿的要点。

一、女性常用蹲姿体态

1. 女性基本蹲姿

（1）高低式蹲姿。高低式蹲姿要求上身保持标准蹲姿，两脚一前一后，如右脚在前，小腿保持与地面垂直并且全脚掌着地，左脚稍微向后撤，半脚掌着地，大腿并拢收紧，两膝盖右上左下，左膝贴于右腿内侧，双手交握放于大腿前并贴近腹部，如图2-4-1所示。

微课　女士蹲姿

（2）交叉式蹲姿。交叉式蹲姿要求双脚交叠，右腿搭靠到左腿上，并置于左脚的左前方，右脚小腿与地面保持垂直，右脚全脚掌着地，左脚半脚掌着地，脚后跟抬起，双腿需要共同发力支撑起身体的重量，上身略微前倾，臀部保持向下，两腿可交换交叠，如图2-4-2所示。

图2-4-1　女性高低式蹲姿

图2-4-2　女性交叉式蹲姿

2. 女性蹲姿训练标准

按照表2-4-1的要求进行训练。

表2-4-1　女性蹲姿训练标准

内容	训练标准
女性高低式蹲姿	1）左脚向前，右脚稍后，不重叠，两腿紧靠向下蹲； 2）左脚全脚掌着地，小腿垂直于地面，右脚跟提起，右前脚掌着地。右膝低于左膝，两膝内侧紧靠； 3）臀部向下，基本上以右腿支撑身体； 4）手放膝盖上方，手指与膝并齐

（续表）

内容	训练标准
女性交叉式蹲姿	1）左脚在前，右脚在后，左小腿垂直于地面，全脚着地； 2）右脚在后与左腿交叉重叠，右膝由后面伸向左侧； 3）右脚跟提起，右前脚掌着地； 4）两腿前后紧靠，合力支撑身体，臀部向下，上身稍前倾； 5）女士穿裙子时适合选用交叉式蹲姿

二、男性常用蹲姿体态

1. 男性基本蹲姿

（1）高低式蹲姿。下蹲时左脚在前，右脚在后，两腿靠紧向下蹲。左脚全脚着地，小腿基本垂直于地面。男性高低式蹲姿如图2—4—3所示。

（2）半蹲式蹲姿。男性半蹲式蹲姿如图2—4—4所示。

微课　男士常用蹲姿

图2—4—3　男性高低式蹲姿

图2—4—4　男性半蹲式蹲姿

2. 男性蹲姿训练标准

男性蹲姿训练标准见表2—4—2所列。

表2-4-2　男性蹲姿训练标准

内容	训练标准
男性高低式蹲姿	1）左脚向前，右脚稍后，不重叠，两腿紧靠向下蹲； 2）左脚全脚掌着地，小腿垂直于地面，右脚跟提起，右前脚掌着地； 3）右膝低于左膝，两膝内侧紧靠； 4）两腿可以适度分开

（续表）

内容	训练标准
男性半蹲式蹲姿	1）左脚在前，右脚在后，向下蹲去，左小腿垂直于地面，全脚掌着地，大腿紧靠； 2）右脚跟提起，前脚掌着地，左膝高于右膝，臀部向下，上身稍向前倾

三、规范蹲姿应注意的问题

（1）不要突然下蹲。在下蹲时速度不要过快，尤其是在走姿变换成蹲姿时，要稍微停顿一下。

（2）不要离人过近。在下蹲时，要与身边的人保持一定的距离，以防挤撞对方或妨碍他人。

微课　规范蹲姿应注意的问题

（3）不要背对他人。在他人身边下蹲时，要侧身对着对方，不要正面面对他人或是背部对着他人下蹲，这些都是不礼貌的表现。

（4）不要毫无遮掩。身着裙装的女性下蹲时，一定要注意有所遮掩。

（5）不要蹲着休息。蹲姿是在特殊情况下采用的姿势，因此不可随意乱用。当服务人员久站有些疲劳时，可以适当变换站姿以缓解疲劳，但是不允许蹲下来休息，这是非常失礼的。

四、加强蹲姿的训练方法

加强腿部、膝关节、踝关节的力量和柔韧性训练，具体方法是压腿、踢腿、活动关节。有意识地、主动地、经常地进行标准蹲姿的练习，以形成良好的习惯。

任务工单

工单一：女性蹲姿训练

【工单准备】

女生穿着鞋跟3～4 cm的船型皮鞋、裙长至膝部下3～5 cm的职业套裙。

【工单实施】

（1）对镜练习。分组练习女性高低式蹲姿，小组成员互相纠正不良姿态。

（2）两人一组练习。两人一组练习女性交叉式蹲姿，互相纠正不良姿态。

（3）工作情景蹲姿训练。

① 服务人员在工作中拾捡掉落的物品。

② 服务人员在服务过程中与小朋友交流。

请将以上内谷填写在表2－4－3中。

表2-4-3　行姿情景模拟存在的问题及解决办法

工作情景	存在问题	解决办法
对镜练习		
两人一组练习		
服务人员在工作中拾捡掉落的物品		
服务人员在服务过程中与小朋友交流		

工单二：男性蹲姿训练

【工单准备】

男生穿皮鞋，身着制服。

【工单实施】

（1）对镜练习。学生分组练习男性高低式蹲姿，小组成员互相纠正不良姿态。

（2）两人一组练习。两人一组练习男性半蹲式蹲姿，互相纠正不良姿态。

（3）工作情景蹲姿训练。

① 服务人员在工作中拾捡掉落的物品。

② 服务人员在服务过程中与小朋友交流。

请将以上内容填写在表2－4－4中。

表2-4-4　行姿情景模拟存在的问题及解决办法

工作情景	存在问题	解决办法
对镜练习		
两人一组练习		
服务人员在工作中拾捡掉落的物品		
服务人员在服务过程中与小朋友交流		

▶知识拓展

10条关于形体美的标准

（1）骨骼发育正常，关节不显得粗大凸出。

（2）肌肉发达匀称，皮下有适当的脂肪。

（3）头顶隆起，五官端正，五官与头部比例协调。

（4）双肩平正对称，男宽女窄。

（5）脊柱正视垂直，侧视曲度正常。

（6）男性胸廓隆起，正背面均略呈"倒三角形"；女性胸部丰满而不下垂，侧看有明显曲线。

（7）女性腰略细而结实，微呈圆柱形，腹部扁平；男性隐现腹肌垒块。

（8）臀部圆润适度。

（9）腿长，大腿线条柔和，小腿腓肠肌稍突出。

（10）足弓较高。

工单三：蹲姿训练加强

一位旅客在列车进站时想去厕所，被乘务员阻止。旅客跟乘务员说自己腹痛，要赶紧上厕所。乘务员一手叉腰，一手撑住厕所门一侧，并用脚顶在门上说，列车马上要进站了，厕所不能开放。旅客非常气愤，表示要投诉该乘务员。旅客认为，虽然该乘务员告知他列车进站不能使用厕所，但是该乘务员态度傲慢，行为粗暴，一点没有工作人员该有的服务态度。

【工单实施】

请学生结合所学知识对案例进行分析并记录下来。

_____

_____

_____。

【任务评价】

请根据本任务的学习和实践训练，分别按照学生自评和教师评价的方式填写表2—4—5的评价内容，并计算出累计得分和总计得分。同时，记录在学习过程中的收获、发现的不足和提出的改进方法。

表2-4-5　蹲姿训练任务评价表

评价内容	要求	分值（分）	学生评价（分）	教师评价（分）
专业知识及技能	（1）能运用基本理论进行实践	10		
	（2）能在教师指导下，完成蹲姿仪态规范训练	10		
	（3）能够根据不同的岗位要求正确地运用蹲姿礼仪	10		
专业态度及素养	（1）能够恰当地运用仪态规范	5		
	（2）能够克服不良仪态	5		
小组活动	（1）具有团队协作精神	5		
	（2）具有学习纪律性	5		
小计		50		
总计		100		
在学习过程中的收获：				
在学习过程中发现的不足：				
提出的改进方法：				

思考练习

1. 填空题

（1）下蹲拾物时，应自然、得体、大方，不遮遮掩掩，应使_____、_____、_____在一个角度上，保持蹲姿优美。

（2）交叉式蹲姿要求下蹲时左脚在前，右脚在后，左小腿_____地面，_____着地，右膝由后面伸向左侧，右脚跟_____，脚掌着地，两腿靠紧，合力支撑身体。臀部向下，上身_____。

（3）高低式蹲姿要求下蹲时左脚在前，右脚在后，两腿靠紧向下蹲，左脚全脚着地，小腿基本_____地面；右脚脚跟_____，脚掌_____，右膝低于左膝，右膝内侧靠于左小腿内侧，形成左高右低的姿态；臀部向下，基本上以右腿支撑身体。

（4）男性下蹲时，两腿之间可_____；女性无论采取哪种蹲姿，都要注意将_____靠紧，_____向下，特别在着裙装时更要留意，以免尴尬。

2. 思考题

女性常用的蹲姿方法有哪些？

任务2-5　手势训练

▶ 学习目标 ◀

（1）通过对常用服务手势的了解和学习，掌握正确服务手势的职业要求。

（2）在服务工作中能够正确使用规范的手势引导顾客。

（3）认识并了解服务工作中的不雅手势，杜绝出现不雅手势。

▶ 案例导入 ◀

美国心理学家艾伯特·梅拉比安总结出一个公式：在感情的表达中，声音占38%，内容占7%，身体语言占55%，由此可见，身体语言非常重要。

　　曾任美国总统的乔治·赫伯特·沃克·布什能够坐上总统的宝座，成为美国"第一公民"，与他的仪态表现分不开。在1988年的总统选举中，布什的对手杜卡基斯猛烈抨击布什是里根的影子，没有独立的政见。而布什在选民中的形象也的确不佳，在民意测验中他一度落后杜卡基斯十多个百分点。未料两个月以后，布什以光彩照人的形象扭转了劣势，反而领先十多个百分点，创造了奇迹。原来布什有个毛病，他的演讲不太好，嗓音又尖又细，手势及手臂动作总显出死板的感觉，身体动作不美，后来布什接受了专家的指导，纠正了尖细的嗓音、生硬的手势和不够灵活的摆动手臂动作，结果就有了新颖独特的魅力，在以后的竞选中，布什竭力表现出强烈的自我意识，改变了原来人们对他的评价。他经常配以卡其布蓝色条纹厚衬衫，以显示"平民化"，终于获得了竞选最后的胜利。

（资料来源：根据相关网络资料整理而得。）

　　回答问题：从这个故事中你得到什么启示？

一、常用的手势体态

1. 常见的手势

微课　常用的手势体态

　　常见的手势有OK手势、V形手势、跷起大拇指、伸直食指、掌心向下的招手动作及拳掌相击等。

　　（1）OK手势。此手势源于美国，由拇指和食指合成一个圈，其余3个手指伸直（图2-5-1）。这在美国、英国表示"同意""赞同""了不得"的意思，在法国表示"零"或"毫无价值"的意思，在德国表示"笨蛋"的意思，在突尼斯表示"傻瓜"的意思，在泰国表示"没问题"的意思，在日本和韩国表示"金钱"的意思，在巴西表示"粗俗下流"的意思。

图2-5-1　OK手势

　　（2）V形手势。此手势源于英国，在多数国家表示数字"2"；食指和中指分开并伸直，掌心向外，表示"胜利"；假如掌心向内，就是骂人、贬低人的意思；在希腊，做这个手势时即使掌心向外、手臂伸直，也有对人不恭之嫌（图2-5-2）。

图2—5—2　V形手势

（3）跷起大拇指。此手势一般表示"夸奖、赞扬别人"；在我国表示"好""了不得"；但也有例外，在美国和欧洲部分地区，拇指上伸表示"好""行"，拇指左、右伸表示"向司机示意搭车方向"；在德国、意大利表示数字"1"；在日本表示"5"；在希腊拇指上伸表示"够了"，拇指下伸表示"厌恶"；和别人说话时把拇指翘起来反向指向第三者，是对第三者的嘲讽（图2—5—3）。

图2—5—3　跷起大拇指

（4）伸直食指（左手或右手握拳）在多数国家表示数字"1"；在法国表示"请求提问"；在新加坡表示"最重要"；在澳大利亚表示"请再来一杯啤酒"。

（5）掌心向下的招手动作在中国主要表示招呼别人过来，在美国表示叫狗过来。

（6）拳掌相击在中国多表示"为自己鼓劲或叫好"；但在意大利、智利等国家则表示"诅咒"（图2—5—4）。

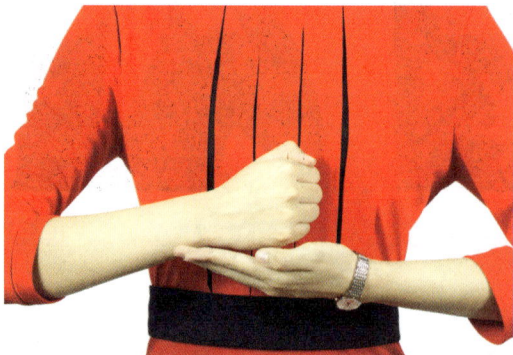

图2—5—4　拳掌相击

规范的服务手势应当是手掌自然伸直，掌心向内向上，手指并拢，拇指自然稍稍分开，手腕伸直，使手与小臂呈一条直线，肘关节自然弯曲，大小臂的弯曲以130°～140°为宜。掌心朝向斜上方，手掌与地面呈45°角。

2. 常用的服务手势

（1）前摆式：五指并拢，手掌伸直，掌心倾斜45°，由身体一侧自下而上抬起，以肩关节为轴，到腰的高度再向身前一方摆去，摆到距身体15 cm处，且不超过躯干的位置时停止，目视顾客，面带微笑。前摆式如图2—5—5所示。

（2）斜摆式：将右手自身前提起，大臂与小臂基本呈90°角后再向右下摆去，使大小臂呈一条斜线（可略有弯曲），指尖指向椅子或商品（地面）的具体位置，手指伸直并拢，手、手腕与小臂呈一条直线，掌心略微倾斜。斜摆式如图2—5—6所示。

图2—5—5　前摆式手势

（3）横摆式：五指并拢，手掌自然伸直，手心向上，肘微弯曲，手掌、手腕和小臂呈一条直线。开始做手势应时将右臂从腹部之前抬起，以肘为轴向一旁摆出到腰部，并在与身体止面呈45°～60°时停止，左臂自然下垂，手指伸直，注视顾客，面带微笑，表现出对顾客的尊重、欢迎。迎接顾客做"请进""请"手势时常用横摆式，其动作要领如下：右手从腹前抬起向右横摆到身体的右前方。站成右丁字步，或双腿并拢，左手自然下垂或背在身后；头部和上身微向伸出手的一侧倾斜，目视顾客，面带微笑，表现出对顾客的尊重、欢迎。横摆式如图2—5—7所示。

图2—5—6　斜摆式手势

图2—5—7　横摆式手势

（4）回摆式：动作同横摆式，但小臂的运行轨迹为由身体同一侧向，如图2—5—8所示。

（5）直臂式：右手手指并拢，掌伸直，屈肘从身前抬起，向指引的方向摆去，摆到肩的高度时停止，肘关节基本伸直。需要给顾客指示方向时或做"请往前走"手势时，采用直臂式，如图2—5—9所示。一般男性使用这个动作较多。注意指引方向时，不可单独使用手指来指示，这样显得不礼貌。

（6）双臂横摆式：当举行重大庆典活动或接待较多顾客时，做"诸位请"或指示方向的手势时采用双臂横摆式。表示"请"的动作大一些，如图2—5—10所示。

图2—5—8　回摆式手势　　　　图2—5—9　直臂式手势　　　　图2—5—10　双臂横摆式手势

　　双臂回摆式手势动作要领如下：先将双手由前抬起到腹部，再向两侧摆到身体的侧前方，这时面向顾客。指向前进方向一侧的手臂应抬高一些、伸直一些，另一只手臂稍低一些、曲一些。若站在顾客的侧面，则两手从体前抬起，同时向一侧摆动，两臂之间保持一定距离。运用手势时还要注意与眼神、步伐、礼节相配合，以便使顾客感觉到这是一种"感情投入"的热诚服务。

二、不同场景的手势礼仪

　　（1）引导手势。在服务过程中，通常需要使用引导手势。在引导过程中要求手掌向上。因为手掌向上的手势有诚实、尊重他人的意思。在做引导手势时，服务人员可以站在指引物品或者道路的旁边，右手手臂自然伸出，五指并拢，手掌向上，手掌和水平面呈45°角，指尖朝向指引的方向。以肘为轴伸出手臂。在指示道路方向时，手的高度约到腰部；指示物品时，手的高度取决于物品，手臂、手掌和物品呈直线即可。无论是指人，还是指物品，都不能用食指指示（图2—5—11）。

　　（2）"请进"手势。引导客人时，服务人员要言行并举。首先轻声地对顾客说"您请"，然后可采用横摆式手势，五指伸直并拢，手掌自然伸直，手心向上，肘作弯曲，腕低于肘，以肘关节为轴，手从腹前抬起向右摆动至身体右前方，不要将手臂摆至体侧或身后，同时脚站成右丁字步，头部和上身微向伸出手的一侧倾斜，另一只手下垂或背在背后，目视顾客，面

图2—5—11　引导手势

带微笑（图2—5—12）。

（3）"请往前走"手势。为顾客指引方向时，可采用直臂式手势，五指伸直并拢，手心斜向上，屈肘由腹前抬起，向应到的方向摆去，摆到肩的高度时停止，肘关节基本伸直，在指引方向时，身体要侧向顾客，眼睛要兼顾所指方向和顾客（图2—5—13）。

图2—5—12　"请进"手势　　　　　　　　　　　图2—5—13　"请往前走"手势

（4）"请坐"手势。接待顾客并请其入座时，采用斜摆式手势，即用双手扶椅背将椅子拉出，然后左手或右手屈臂由前抬起，以肘关节为轴，前臂由上向下摆动，使手臂向下呈一条斜线，表示请顾客入座。

（5）"诸位请"。当顾客较多时，表示"请"的动作可以大一些，采用双臂横摆式手势。两臂从身体两侧向前上方抬起，两肘微曲，向两侧摆出。指向前方一侧的手臂应抬高一些、伸直一些，另一只手臂应稍低一些、曲一些。

（6）"介绍"手势。为他人做介绍时，手势动作应文雅。无论介绍哪一方，服务人员都应手心朝上，手背朝下，四指并拢，拇指张开，手掌上抬至肩的高度，并指向被介绍的一方，面带微笑。在正式场合，不可以用手指点或拍打被介绍一方的肩和背。

（7）鼓掌。鼓掌时，用右手掌轻击左手掌，表示喝彩或欢迎。

（8）举手致意。举手致意时，要面向对方，手臂上伸，掌心向外，切勿乱摆。

（9）挥手道别。挥手道别时，要做到身体站直、目视对方、手臂前伸、掌心向外、左右挥动。

（10）递送物品手势。递送文件或单据给顾客时，用双手递交，具体方式如下：拇指在上、四指在下，稳妥捏拿住文件，用目光示意，然后面带微笑地将文件递送到对方手里，需要对方签字或着重阅读某个部分时，应使用前伸式手势指示给对方。递送物品给客户时，要将手柄或易于对方接拿的一端朝向对方，将方便留给顾客。如果物品较为锋利或尖锐，则应在递送前用语言提醒，如"剪刀比较锋利，请小心"。

三、错误手势及手势训练标准

1. 错误的手势

（1）服务过程中不可出现的手势。如搔头、掏耳朵、抠鼻子、擤鼻涕、拭眼屎、剔牙齿、修指甲、咬指甲、打哈欠、咳嗽、打喷嚏、用手指在桌上乱写乱画、玩笔。

（2）手势禁忌，如指手画脚、双臂环抱、双手抱头、摆弄手指及手势放任。

2. 服务手势训练标准

服务手势训练标准见表2—5—1所列。

表2-5-1　服务手势训练标准

内容	训练标准
5人小组进行引导顾客行走的手势练习	手指伸直并拢，手与小臂呈一条直线，肘关节自然弯曲，掌心倾斜呈45°，站在被引导者的侧前方
2人一组练习	要求练习走廊的引导方式和楼梯的引导方式
面对训练镜练习	身体正直面向顾客，伸出右手，掌心向上，大臂与小臂呈90°角，小臂与手腕、手掌呈一条直线。根据实际交流内容说："请在这里签字"或"您看这样好吗?"

▶ 知识拓展

保持正确手势的注意事项

（1）使用手势宜亲切自然，手势宜软不宜硬，动作切忌快、猛。

（2）注意不能掌心向下，不能用手指、食指指人。

（3）运用手势要与面部表情和身体其他部位动作相配合，这样才能体现对其他人的尊重和礼貌。

（4）身体不要下意识地做小动作。

（5）在正式场合，不要将双手插在裤袋里面，切忌双手交叉抱在胸前，或双手叉腰。

任务工单

工单一：各种规范手势训练

【工单准备】

（1）女生穿着鞋跟3~4 cm的船型皮鞋、裙长至膝部下3~5 cm的职业套裙。

（2）男生穿皮鞋，身着制服。

【工单实施】

（1）小组练习。分组练习，小组成员互相纠正不良姿态。

（2）面对面练习。两人一组进行面对面练习，建议播放背景音乐，以缓解疲劳。

（3）对镜练习。面对镜子，检查自己的手势及整体形象，发现问题及时纠正。

请将以上内容填写在表2-5-2中。

表2-5-2　各种规范手势训练存在的问题及解决办法

工作情景	存在问题	解决办法
小组练习		
面对面练习		
对镜练习		

工单二：情景模拟——校园接待礼仪

有嘉宾要来学校参观客房实训室，学校领导让你去办公楼楼下接待嘉宾，你给嘉宾带路，把他们引导到领导办公室。

模拟要求如下。

（1）仪表整洁，面带微笑。

（2）见到嘉宾后热情打招呼，简单介绍自己的姓名和身份，并表示很荣幸为您指引和介绍。嘉宾表明来意后，你热情表示"跟我来"。

（3）你走在嘉宾的左前方，在路上亲切问候嘉宾，嘘寒问暖。

（4）走到领导办公室门口，先轻叩门，得到允许后，方可进入办公室。

（5）进入办公室以后，你介绍两人握手，并请两人继续深谈，然后退出办公室。

【任务评价】

请根据本任务的学习和实践训练，分别按照学生自评和教师评价的方式填写表2-5-3的评价内容，并计算出累计得分和总计得分。同时，记录在学习过程中的收获、发现的不足和提出的改进方法。

表2-5-3　手姿训练任务评价表

评价内容	要求	分值（分）	学生评价（分）	教师评价（分）
专业知识及技能	（1）能运用基本理论进行实践	10		
	（2）能在教师指导下完成手势规范练习	10		
	（3）能够根据不同的岗位要求正确地运用手势、恰当地运用手势	10		
专业态度及素养	（1）能够恰当地运用仪态规范	5		
	（2）能够克服不良仪态	5		

（续表）

评价内容	要求	分值（分）	学生评价（分）	教师评价（分）
小组活动	（1）具有团队协作精神	5		
	（2）具有学习纪律性	5		
小计		50		
总计		100		

在学习过程中的收获：

在学习过程中发现的不足：

提出的改进方法：

思考练习

选择题

（1）在正式场合，握手时应该用哪只手握住对方的手？（　　）

A. 左手　　　　　　　　　　B. 右手

C. 两只手都可以　　　　　　D. 无所谓

（2）在与他人交流时，以下哪种手势是不礼貌的？（　　）

A. 点头表示同意

B. 摇头表示不同意

C. 用手指指向对方

D. 用手掌托住下巴

（3）在正式场合，以下哪种手势是合适的？（　　）

A. 双手插兜

B. 双手交叉在胸前

C. 双手放在大腿上

D. 双手放在桌子上

（4）在向他人示意"请稍等"时，以下哪种手势是正确的？（　　）

A. 伸出食指和中指，呈V字形

B. 伸出食指和中指，呈W字形

C. 伸出食指和中指，呈Y字形

D. 伸出食指和中指，呈X字形

任务2-6　表情训练

面部表情（facial expression）是指通过眼部肌肉、颜面肌肉和口部肌肉的变化来表现各种情绪的状态。在服务工作中，微笑是最美的语言，是一种表情语言。人有各种语言，和文字相联系的语言是狭义的语言，而广义的语言包括动作语言、姿态语言、表情语言，甚至包括服务语言。在这些语言中，微笑是一种特殊的表情语言，是一种形体语言。

▶学习目标

（1）通过对眼神的了解和学习，掌握正确的眼神职业要求。
（2）养成在服务工作中保持微笑的习惯，掌握正确的微笑表情。

▶案例导入

美国希尔顿集团的董事长康纳·希尔顿（Connor Hilton），使一家名不见经传的旅馆品牌迅速发展到全世界，使其成为拥有70多家豪华宾馆的跨国公司。当人们问起他的成功秘诀时，他自豪地表示"靠微笑的力量，如果缺乏服务员美好的微笑，就好比花园里失去了太阳和风。假若我是顾客，我宁愿住进那虽然只有残旧地毯，却处处见到微笑的旅馆，而不愿走进有第一流的设备而见不到微笑的地方"。因此，他经常问下属的一句话是：你今天对顾客微笑了吗？

（资料来源：根据相关网络资料整理而得。）

回答问题：从这个故事中你得到什么启示？

一、眼神的运用

1. 眼神的运用方法

（1）公众注视。双目目光放在对方额头上（图2-6-1）。
（2）社交注视。双目目光放在对方唇心（图2-6-2）。

图2-6-1　公众注视　　　　　　　　　图2-6-2　社交注视

（3）亲密注视。双目目光放在对方胸部（图2—6—3）。

2. 目光接触的技巧

（1）注意，不可将目光长时间固定在要注视的位置上，应适当地将视线从固定的位置上移开片刻；与人说话时，目光要集中注视对方。

图2—6—3　亲密注视

（2）听人说话时，要看着对方的眼睛，如果对谈话感兴趣，就要用柔和、友善的目光正视对方的眼区；如果想要中断与对方的谈话，则可以有意识地将目光稍稍转向他处。

（3）尽量不要将双目目光直射对方眼睛（这代表隐秘、不信任、审视和抗议）。

（4）在谈判和辩论时，不要轻易移开目光，直到逼对方目光转移为止。

（5）当对方因说了错误的话而拘谨害羞时，不要马上转移自己的目光，而要用亲切、柔和、理解的目光继续看着对方。

（6）谈兴正浓时，切勿东张西望或看表（这代表听得不耐烦，会很失礼）。

3. 目光接触的要点

稳定的目光接触是尊重顾客、自信的表现，看正确的地方，要做到"散点柔视"。避免直盯、怒视、眼神四处游离及频繁的眨眼（图2—6—4）。

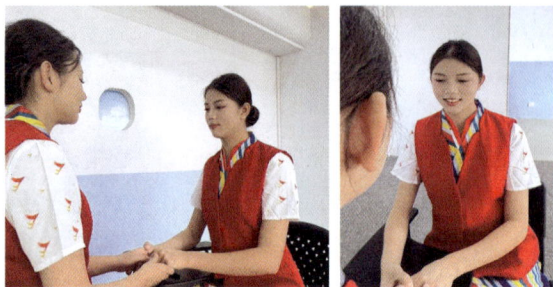

图2—6—4　目光接触的要点

二、微笑的魅力

1. 微笑的技巧

微笑是一种特殊的语言——情绪语言。它可以和有声语言及行动相配合，起到互补作用，可以沟通心灵，架起友谊的桥梁，给人以美好的享受。工作、生活中离不开微笑社交中更需要微笑。微笑的技巧包括：不发声，露上齿，肌肉放松，嘴角向两侧，向上略微提起，面含笑意，亲切自然。

> **知识拓展**

保持正确微笑的注意事项

（1）微笑要有诚意。在社交场合，你的每次微笑都要充满诚意，让别人感受到你的友好、真诚和自信，从而形成良好的社交气氛。

（2）微笑要自然。只有微笑自然，才能让人感受到你的友好。

（3）微笑要有适当的时机。微笑不能随意，要根据场合的不同，适当地表现出微笑。

（4）微笑是一种礼貌，也是一种良好的社交习惯。

在社交场合，要善于运用微笑，以及遵守上述注意事项，这样才能让你的微笑更有感染力，让人们感受到你的友好态度，从而改善社交氛围。

2. 微笑的练习规范

（1）发"一""七""茄子""威士忌"等音，练习嘴角肌的运动，使嘴角自然露出微笑（图2—6—5～图2—6—7）。

图2—6—5　发"一"练习　　图2—6—6　发"七"练习　　图2—6—7　发"茄子"练习

（2）照镜子练习法。张大嘴：张大嘴能使嘴周围的肌肉得到最大限度的伸张，能使人感觉到颧骨受到刺激的程度，保持10秒。紧闭张开的嘴：拉紧两侧嘴角保持10秒，聚拢嘴唇10秒。对着镜子来调整和纠正微笑姿态。把手放在嘴角并向脸的上方轻轻上提，一边上提，一边使嘴充满笑意，保持30秒。

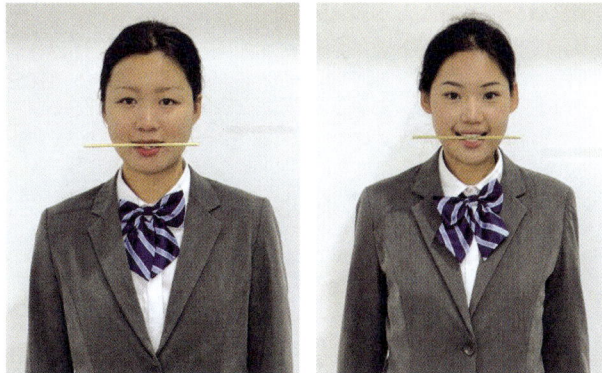

（3）筷子微笑法。如图2—6—8所示。

图2—6—8　筷子微笑法

① 用上下两颗门牙轻轻咬住筷子，看看自己的嘴角是否已经高于筷子了。

② 继续咬着筷子，嘴角最大限度地上扬，也可以用双手手指按住嘴角向上推，使嘴角上扬到最大限度。

③ 保持上一步的状态，拿下筷子，这时的嘴角就是你微笑后的基本脸型，能够看到上排8颗牙齿就可以了。

④ 再次轻轻咬住筷子，发出"yi"的声音，同时嘴角向上、向下反复运动，持续30秒。

⑤ 拿掉筷子，查看自己微笑时的基本表情，双手托住两颊从下向上推，数"1、2、3、4"，并发出声音，反复数次。

⑥ 放下双手，同上一步一样数"1、2、3、4"并发出声音，重复30秒结束。

注意事项：a.微笑不能出声，不能张开嘴巴（笑不露齿）；b.笑露8颗牙。

3. 微笑训练标准

微笑训练标准见表2-6-1所列。

表2-6-1　微笑训练标准

内容	训练标准
筷子微笑法练习	(1) 用上下两颗门牙轻轻咬住筷子，看看自己的嘴角是否已经高于筷子了； (2) 继续咬着筷子，嘴角最大限度地上扬； (3) 用双手手指按住嘴角向上推，使嘴角上扬到最大限度，拿掉筷子，发出"yi"的声音，同时嘴角向上、向下反复运动，持续30秒
两人一组练习	(1) 要求双方面对面进行微笑，检查对方嘴角上升时是否会歪； (2) 反复练习，形成干练而美好的微笑
面对训练镜练习	(1) 照着镜子，试着笑出前面所选的微笑姿态； (2) 在稍微露出牙龈的程度上，反复练习美好的微笑

任务工单

工单一：微笑训练

【工单准备】

(1) 女生穿着职业套裙。

(2) 男生身着制服。

微课　微笑规范及筷子微笑法

【工单实施】

(1) 筷子微笑法练习。分组练习，用门牙轻轻咬住木筷子。将嘴角对准木筷子，两边向上翘，观察连接嘴唇两端的线是否与木筷子在同一水平线上。保持这个状态10秒。轻轻拔出木筷子后，练习保持此状态。

（2）面对面练习。两人一组进行面对面练习，在放松的状态下练习笑容，练习的关键是使嘴角上升的程度一致。如果嘴角歪斜，表情就不会太好看。在练习各种笑容的过程中，会发现最适合自己的微笑。建议播放背景音乐，以缓解疲劳。

（3）对镜练习。面对镜子，修正微笑姿态，挑选满意的微笑——以各种形状尽情地试着笑，在其中挑选最满意的笑容。然后确认能看见多少牙龈。如果大概能看见2 mm以内的牙龈，就很好看。

请将以上内容填写在表2-6-2中。

表2-6-2　行姿情景模拟存在的问题及解决办法

工作情景	存在问题	解决办法
筷子微笑法练习		
面对面练习		
对镜练习		

工单二：训练并养成真诚的微笑

两人自由组队，相互检查对方的仪容仪表，小组自行选择一个情景进行模拟，先根据情景查阅资料完善情景内容，再根据模拟情景和训练方式互相搭配，督促训练。完成后，小组成员根据自己的实践，给出关于微笑的看法，并根据任务完成情况进行自我评估，并提出改进意见。

情景如下。

（1）酒店前台服务时遇到问题很多的顾客。

_____

_____

_____。

（2）在航班上服务时遇到要求很多服务的顾客。

_____

_____

_____。

（3）销售员在卖场对顾客进行产品推销。

_____

_____

_____。

（4）银行职员引导顾客购买理财产品。

_____

_____

_____。

【任务评价】

请根据本任务的学习和实践训练，分别按照学生自评和教师评价的方式填写表2－6－3的评价内容，并计算出累计得分和总计得分。同时，记录在学习过程中的收获、发现的不足和提出的改进方法。

表2-6-3　表情训练任务评价表

评价内容	要求	分值（分）	学生评价（分）	教师评价（分）
专业知识及技能	（1）能运用基本理论进行实践	10		
	（2）能在教师指导下完成眼神、微笑的规范练习	10		
	（3）能够根据不同的岗位要求正确地运用眼神、微笑体态	10		
专业态度及素养	（1）能够恰当地运用仪态规范	5		
	（2）能够克服不良仪态	5		
小组活动	（1）具有团队协作精神	5		
	（2）具有学习纪律性	5		
小计		50		
总计		100		

在学习过程中的收获：

在学习过程中发现的不足：

提出的改进方法：

思考练习

（1）规范微笑的方法有哪些？

（2）你平时在公共场合或与他人交往时是否经常微笑？为什么？

（3）微笑对个人形象和人际关系有何影响？

模块 3 发型塑造

一位资深的形象设计专家曾经指出，在一个人的身上，正常情况下最引人注意的地方往往是他对自己头发所进行的修饰。发型塑造特指人们依照自己的审美习惯、工作性质和自身特点，对自己的头发所进行的清洁、修剪、保养和美化。

为了能够给顾客带来更好的服务体验，服务人员要注意自己的发型塑造。

任务3-1　认识脸型与发型

▶**学习目标**

（1）了解典型脸型的特点，了解发型与气质的特点，为不同脸型搭配不同发型打下基础。

（2）掌握不同脸型的发型修饰方法。

（3）能根据自己的脸型选择合适的发型。

▶**案例导入**

小王的中庭占比比较大，并且她的眉眼特别紧凑，眼睛位置高，看起来重心更加往上移，显得脸更修长，加上颧骨外扩，额头下巴都比较窄，让她的长脸看起来没那么标准。因此，她的脸型可以被归纳为长菱形脸。

（资料来源：根据相关网络资料整理而得。）

回答问题：这样的脸型适合什么发型？

一、不同的脸型和发型

发型的样式很多，在选择时要遵循自然、大方、整洁、美观的原则，既要观察发型的流行趋势，又不能盲目追赶潮流，更重要的是应该考虑自身年龄、性别、职业、性格、爱好和脸型的特点。合适的发型搭配不同的脸型，能达到更好的妆容效果。

1. 7种典型脸型

生活中没有完全相同的两张脸，因此要了解每种不同的脸型。脸型由额头、太阳穴、双颊和下颌构成，一般而言，大致可分为以下7种。

（1）蛋形脸（标准脸型）。蛋形脸的人整体脸部宽度适中，从额部、面颊到下巴线条修长秀气，脸型如倒置的鹅蛋。蛋形脸被视为最理想的脸型，也是化妆师用来矫正其他脸型的依据（图3-1-1）。

（2）圆形脸（娃娃脸）。从正面看，圆形脸的人脸短颊圆，颧骨结构不明显，外轮廓从整体上看似圆形。圆形脸给人以可爱、明朗、活泼和平易近人的印象，看上去会比实际年龄小（图3-1-2）。

（3）方形脸（国字脸）。方形脸的人脸部宽度与长度相近，下颚突出方正，与圆形脸的不同之处在于下颚横宽，线条平直、有力。方形脸给人以坚毅、刚强、堂堂正正的印象（图3-1-3）。

（4）由字脸（正三角形脸）。由字脸的人额头窄、两腮宽，整体脸型呈梨形，除天生腮部较宽大的人以外，多见于胖人和年过四十的人。由字脸给人以富态、稳重、威严的印象（图3-1-4）。

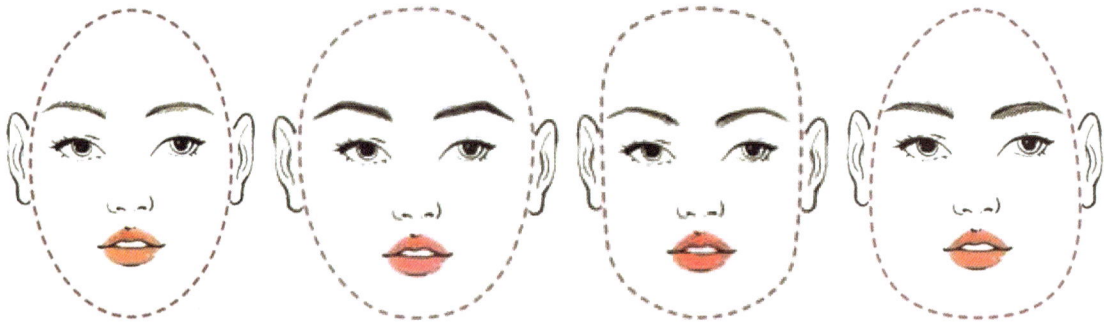

图3-1-1　蛋形脸　　　　图3-1-2　圆形脸　　　　图3-1-3　方形脸　　　　图3-1-4　由字脸

（5）申字脸（菱形脸）。申字脸的人面部一般较为清瘦，颧骨突出，尖下颌，额头发际线较窄，面部较有立体感，脸上无赘肉，显得机敏、理智，给人以冷漠、清高、神经质的印象（图3-1-5）。

（6）甲字脸（倒三角形脸）。甲字脸的人额头宽阔，下颌线呈瘦削状，下巴既窄又尖，是一种美人脸，发际线大都呈水平状，有些人在额头发际处会有"美人尖"（图3-1-6）。

（7）长形脸（马脸）。此种脸型的人脸部宽度较窄，显得瘦削而长，发际线近水平且额头高，面颊线条较直，颌部突出，棱角分明（图3-1-7）。

图3-1-5　申字脸　　　　图3-1-6　甲字脸　　　　图3-1-7　长形脸

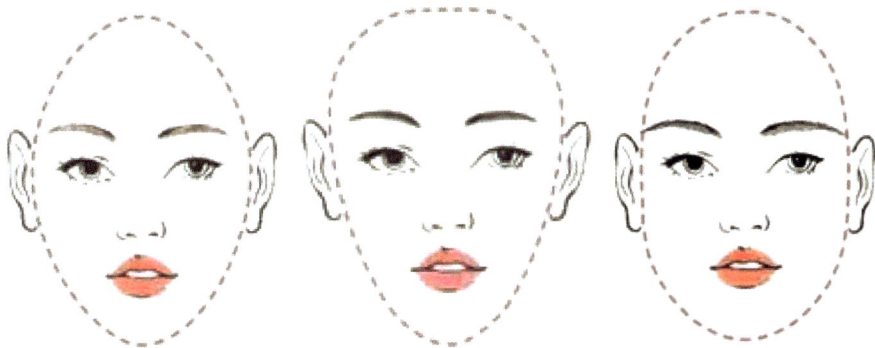

微课　认识七种典型脸型

2. 发型与发质

（1）直而硬的头发。此种发质的头发容易修剪得整齐，故设计发型时应尽量避免花样复杂，应以修剪技巧为主，做成简单而高雅大方的发型。例如，梳理成披肩长发，会给人一种飘逸秀美的悬垂感；用大号发卷梳理成略带波浪的发型或梳成发髻等，会使人拥有雍容典雅的高贵气质。

（2）柔细而柔软的头发。此种发质的头发比较服帖，容易整理成型，可塑性强，适合做成小卷曲的波浪式发型，显得蓬松自然；也可以梳成俏丽的短发，能充分体现个性美。

> ▶知识拓展◀
>
> **健康头皮的标准**
>
> （1）无肉眼可见的头皮屑。
> （2）头皮放松不紧绷。
> （3）无瘙痒。
> （4）能较长时间保持清爽状态。
> （5）发根强韧，头发滋润有光泽、不油腻等。

微课　不同脸型的发型修正

二、不同脸型的发型修正

1. 蛋形脸

任何发型都可与蛋形脸配合，能达到美容效果。但若采用中分头路、左右均衡、顶部略蓬松的发型，则会更贴切，以显示脸型之美（图3-1-8）。

2. 圆形脸

圆形脸的人双颊较宽，因此应选择头前部或顶部略半隆的发型，两侧则要略向后梳，将两颊及两耳稍微留出，这样既可以在视觉上冲淡脸圆的感觉，又显得端庄大方。圆形脸的人尤其适合

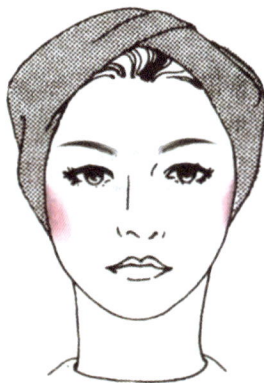

图3-1-8　蛋形脸发型

梳纵向线条的垂直向下的发型或盘发，显得挺拔而秀气（图3-1-9）。

3. 长形脸

长形脸的人端庄稳重，但给人一种老成感。因此，应选择优雅可爱的发型来冲淡这种感觉，顶发不宜太丰隆，前额部的头发可适当下倾，两颊部位的头发可适当蓬松，可以留长发，也可以留齐耳发，发尾要松散流畅，以发型的宽度来缩短脸的视觉长度，若将头发做成自然成形的柔曲状，则会更理想（图3-1-10）。

4. 方形脸

方形脸的人前额较宽，两腮突出，显得脸部短阔，适宜选择自然的大波纹状发型，使整个头发柔和地将面孔包起来，两颊头发略显蓬松以遮住脸的宽部，以线条的圆润冲淡面部方正直线条给人的印象（图3-1-11）。

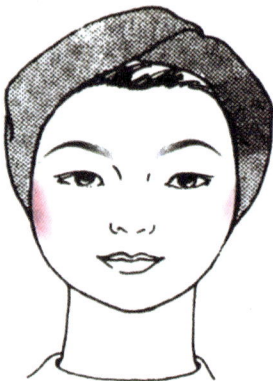

图3-1-9　圆形脸发型　　　　图3-1-10　长形脸发型　　　　图3-1-11　方形脸发型

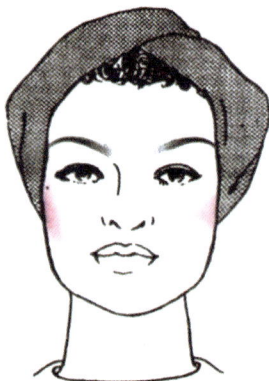

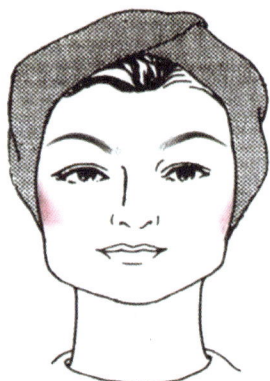

5. 由字脸

由字脸的人应选择宜表现额角宽度的发型，如中长发型，可将头顶部的头发梳得松软蓬松，两颊侧的头发宜向外蓬出以遮住腮，减弱腮部的宽阔感。

6. 甲字脸

甲字脸的人宜选择能遮盖宽前额的发型，一般来说两颊及后发应蓬松而饱满，额部稍垂刘海儿，顶部头发不宜丰隆，以遮住过宽的额头。此脸型的人宜将头发烫成波浪形的长发。

> **知识拓展**
>
> ## 发型与性格息息相关
>
> 动作语言学研究表明，最早采纳流行发型的人是对环境适应能力很强的人，也是喜欢接受新鲜事物的人，他们往往也是性格较外向的人。一般认为，留飘逸长发的人性格温柔贤淑；留短发的人性格活泼好动；保守的人发型单调守旧；而前卫的人喜欢发型创新时尚。

任务工单

工单一：脸型判断训练

【工单准备】

化妆镜。

【工单实施】

假设你即将走上工作岗位，现在要判断自己的脸型及发型特点，为发型梳理做好准备。判断自己的脸型特点并记录下来。

（1）通过判断，发现自己的脸型特点如下：

_____

_____。

（2）通过判断，得出自己的脸型应该属于以下类型：

_____

_____

_____。

工单二：脸型发型搭配训练

【工单准备】

化妆镜、梳子。

【工单实施】

在判断自己脸型的基础上，找出合适自己的发型修正方法，并设计适合自己的发型。

（1）判断发质：你的发质有什么特点？

_____

_____

_____。

（2）结合你的脸型和发质，选择发型搭配。

_____

_____

_____。

（3）脸型和发型是否搭配？

_____

_____

_____。

【任务评价】

请根据本任务的学习和实践训练，分别按照学生自评和教师评价的方式填写表3—1—1的评价内容，并计算出累计得分和总计得分。同时，记录在学习过程中的收获、发现的不足和提出的改进方法。

表3-1-1　认识脸型与发型任务评价表

评价内容	要求	分值 （分）	学生评价 （分）	教师评价 （分）
专业知识 及技能	（1）能在教师指导下运用基本理论进行实践	10		
	（2）能够认识不同脸型的特点	10		
	（3）能正确地根据脸型特点搭配不同的发型修饰	10		
专业态度 及素养	（1）工作区域干净整洁，化妆工具齐全	5		
	（2）能够在实操过程中注意安全规范	5		
小组活动	（1）具有团队协作精神	5		
	（2）具有学习纪律性	5		
小计		50		
总计		100		
在学习过程中的收获：				
在学习过程中发现的不足：				
提出的改进方法：				

思 考 练 习

（1）发型塑造需要考虑哪些因素？

（2）发型直而硬的女性适合什么样的发型？

（3）随机选择班上的一位学生，判断他（她）的脸型和发型是否搭配，并说明原因。

任务 3-2　职业发型塑造

▶ **学习目标**

（1）通过对头发及职业发型的了解和学习，掌握正确的头发护理和发型设计职业要求。

（2）学习并掌握女性职业发型的基本规则和要求。

（3）学习并掌握男性职业发型的基本规则和要求。

▶ **案例导入**

　　近几年爆火的电视剧如《欢乐颂》《我的前半生》《都挺好》等，将女性们的时尚观带入到另一番新的天地。剧中的女演员以各自独特的职场穿搭及造型圈了不少"粉丝"。除穿搭备受关注之外，她们作为职场女性的发型也对塑造形象起到了至关重要的作用，下面来学习适合职场的发型塑造。

　　回答问题：职业发型有哪些要求？

　　发型是构成仪容美的重要内容。美观的发型能给人以整洁、庄重、洒脱、文雅、活泼等感觉，发型以发成型，用于美化容貌、完善仪容形象。人不断美化发型，就是不满足于自己头发的自然形态，而是以美的规律来创造自己的发型，使自身的仪容形貌更加完美。

一、头发修饰的原则和基础护理步骤

1. 头发修饰的原则

　　头发修饰的设计原理是指发型的设计元素在一定规律基础上所遵循的排列方式，这种排列方式是固定不变的。无论是哪种元素的变化，都必须在这种固定的模式下进行。发型如同线条，长直线使人感到流畅，短直线使人感到跳跃、有节奏，曲线使人感到柔和、优美等。应该在工作中选择合适的发型来凸显自己的特点。头发修饰的原则如下。

　　（1）发型不与脸型重复。

　　（2）头发整洁，规范，长度适中。

　　（3）发型适合自己。

2. 头发的基础护理步骤

头发的基础护理步骤如下。

　　（1）双手轻轻揉搓头部。

　　（2）通顺头发，从发梢开始。

　　（3）用温水浸湿头发，忌用热水，洗护分开。

　　（4）抹上洗发水，指腹轻轻按摩头皮，用温水冲洗干净。

　　（5）重复洗发一次，时间稍长。

　　（6）涂抹护发素，从发梢开始，不要涂抹发根和头皮，停留3～5分钟后用温水冲洗。

（7）用毛巾沾干水分，涂抹护发产品后自然风干或吹干。

二、女性职业发型标准和塑造步骤

（一）女性职业发型标准

头发是个人外貌形象的重要组成部分，也是衡量个人形象的重要标准之一。服务人员的形象和仪态尤为重要，因此头发的整洁和美观是必须注意的。

1. 款式选择

要求头发的款式和颜色不能过于夸张，不建议选择过于有异域风情的发型。一般而言，女性适宜选择简单自然的发型，看起来更有亲和力。选择长发和短发都可以，但不宜选取过分个性化或夸张的发型，如带有强烈色彩的发色或过于奇特的造型等。

另外，头发的装饰要求简约大方，发饰颜色忌鲜艳。

2. 干净整洁

头发必须保持干净整洁。头发不宜散乱，不宜过于蓬乱。工作前应清洗头发，以便让头发显得干净舒适。如有发型设计，则要注意每日清洗头发，以保持头发干净整洁的状态。

3. 头发长度

长发、短发都有适合的工作环境。短发干练，发不垂肩，过长的头发应盘结在脑后。刘海儿的长度以不遮眼、能露出眉毛为宜。通常女性服务人员不宜选择过短的发型，男性服务人员不宜头发过长，以免让人产生不正常的感觉。选择适当的发型和长度可以塑造出一个合适而得体的形象。

4. 染发和烫发

染发和烫发可以使头发更加美观，但是一些职业要求不要染发或烫发，这样可以体现出员工的专业精神和对工作的尊重，并且可以提升员工的职业形象。

（二）女性职业发型塑造步骤

女性在为自己选择发型时，必须与其职业的身份相符合，符合本职业的要求，如简约、明快等，主要发型有短发、发髻和卷盘发。

1. 准备工具

可以根据需要选择工具，常用发型用品如下。

（1）梳类，具体如下。

包发梳：用于梳理头发表面纹理，常用于梳理头发表面（图3-2-1）。

圆滚梳：用于恤发和刘海儿造型（图3-2-2）。

尖尾梳：用于梳发、分发和倒梳头发（图3-2-3）。

微课　女士职业发型要求及设计步骤

图3-2-1 包发梳及其用途

图3-2-2 圆滚梳

（2）发夹，具休如下。

带齿鸭嘴夹：常用于固定发区较多的头发（图3-2-4）。

平面鸭嘴夹：用于固定发区和暂时固定波纹刘海儿（图3-2-5）。

一字夹：用于固定少量头发或发片（图3-2-6）。

"U"形夹：用于固定造型较高的头发和连接底部较蓬松的头发（图3-2-7）。

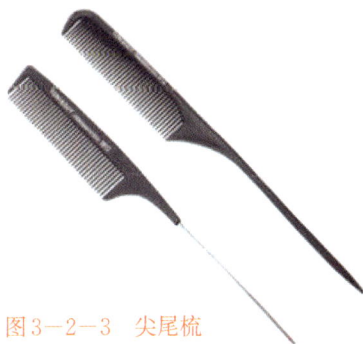

图3-2-3 尖尾梳

图3-2-4 带齿鸭嘴夹

图3-2-5 平面鸭嘴夹

图3-2-6 一字夹

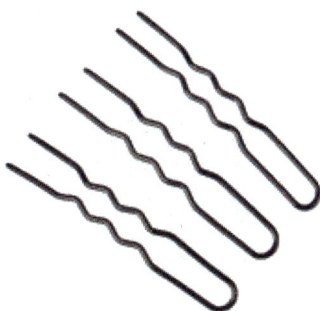

图3-2-7 "U"形夹

知识拓展

U形夹正确示范

先将U形夹以45°角插入靠橡皮筋处，再转成135°角夹住头发固定，如图3-2-8所示。

如果直接将U形夹插入头发里面，则完全起不到固定的作用，如图3-2-9所示。

图3-2-8　U形夹正确示范　　　　　　图3-2-9　U形夹错误示范

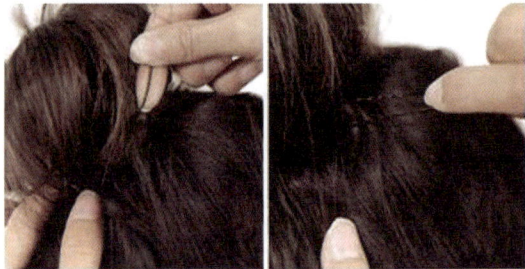

（3）发胶，具体如下。

水状发胶：用于长时间固定发型（图3-2-10）。

雾状发胶：用于短时间发型变化（图3-2-11）。

啫喱膏：用于固定细小毛发，使头发易于梳理（图3-2-12）。

图3-2-10　水状发胶　　　　图3-2-11　雾状发胶　　　　图3-2-12　啫喱膏

（4）其他工具，具体如下。

橡皮筋：用于将头发固定在所需位置，如扎低、中、高马尾（图3-2-13）。

发网：用于收束包裹头发，有助于更好地整理头发（图3-2-14）。

图3-2-13　橡皮筋及其用法　　　　　　图3-2-14　发网

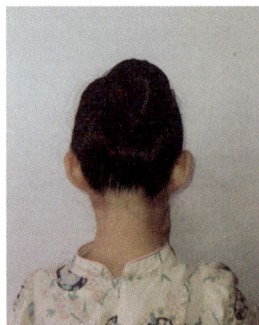

2. 长发盘发步骤

（1）扎发。用橡皮筋将所有头发扎成马尾，其位置在两耳的连接线之上。如果用发网，则扎好马尾后直接将头发填充进发网，如图3－2－15（a）所示。

（2）盘发。以发根为圆心，将马尾顺着一个方向盘绕在头中部，用发夹固定，如图3－2－15（b）～（d）所示。

（3）发饰。可配上简单大方的发饰，不仅可以装饰发型，也可以固定发髻。

(a) 扎发   (b) 盘发1   (c) 盘发2   (d) 盘发3

图3－2－15 长发盘发步骤

3. 发型梳理要求及注意事项

（1）短发梳理整齐，采用直发与烫发方法均可，长短适宜，注意修剪，最短不得短于耳垂处，最长不得超过制服衣领处；用啫喱水或啫喱膏定型短发、碎发及刘海儿，使头发丝不乱、美观大方，保持自然发色。

（2）长发须盘发髻或留卷盘式发型。长发应于脑后束起盘成发髻，盘发高度应在中发号，最低不超过双耳垂的连线，不可留法式刘海儿，可用发胶将刘海儿服帖于额头，保持头发低头时不下垂且高于眉毛。

（3）服务人员在工作时不得染除黑色以外的其他发色，更不得漂染和挑染头发。

三、男性职业发型标准

1. 男性职业发型标准

职场男性发型标准因不同行业、公司、职位及文化背景等而有异，但有一些基本标准适用于大多数职场男性。以下是一些常见的职场男性发型标准。

（1）保持整洁。男性职业发型应该干净整洁，没有凌乱的头发和分叉的发梢。定期理发和理顺发型是保持头发整洁的关键。

（2）合适的长度。男性职业发型的长度应该适合职业需要和个人风格。一些行业或公司可能要求采用短发或中等长度的发型，而其他公司可能允许采用较长的发型。要避免采用过于花哨或夸张的发型。

（3）经典风格。经典的发型通常更适合职场男性，如简单的短碎发型、前刺短发和碎发

微课　男士职业发型要求及设计步骤

刘海。这些发型具有简单且专业的外观。

（4）适应多种场合。男性职业发型应该能够适应各种场合。例如，早上你需要有干净的发型去工作，在晚上你需要一个适合参加餐会或社交活动的发型。

（5）自然。男性职业发型应该看起来自然和轻松。过于硬化或复杂的造型，会使人显得不够专业。

　　总之，职场男性应该选择一个干净、整洁、适合自己职业的发型，并且要保持维护发型。

2. 男性职业发型塑造步骤

（1）适当吹干头发。梳理头发一般在洗发后进行，在吹风机的配合下，用梳子将头发梳通梳顺，同时适当吹干头发（图3－2－16）。

（2）涂抹定型剂。可将发胶均匀地喷在头发上，使头发产生滋润感并具有一定的黏性，便于吹梳成型（图3－2－17）。但定型剂不宜用量过多，否则会使头发变得僵硬，显得不自然。

图3－2－16　适当吹干头发

图3－2－17　涂抹定型剂

（3）分头路。头中一般有中分和边分之分，边分又有左分、右分和一九分、二八分、三七分、四六分等方法，主要根据发型要求而定。分头路时要平直并露出肤色，头发长短适宜。分头路一般分在发涡一边为好（图3－2－18）。

（4）吹梳头路。头路分好后，用梳子压住大边头发，以吹风机的热力使之侧向一边，这样头路比较明显，然后用梳子将头路边缘的头发拎起，在吹风机的配合下使这部分头发发根站立、发干卷曲（图3－2－19）。

图3－2－18　分头路

图3－2－19　吹梳头路

发饰规范

（1）长发发饰。长发的女性服务人员在盘发时应用公司统一的发网或头花，有散发时不可用形状、样式夸张或颜色鲜艳的发卡，只可用黑色的小发卡来固定，发卡数量不宜多，一般不超过4个，且不可用在明显的位置。

（2）短发发饰。短发的女性服务人员一般不佩戴发饰。

任务工单

工单一：女性职业妆盘发训练

【工单准备】

化妆镜、盘发用品及工具。

【工单实施】

小丽即将走上工作岗位，她要在到岗前盘好自己的发型。请按照已学的盘发流程进行训练。

（1）注意扎发的高度，应在

_____

_____

_____。

（2）盘发（可用发网）过程中发现的问题如下：

_____

_____

_____。

（3）如何解决出现的问题？

_____

_____

_____。

（4）调整后发型是否符合规范？

_____

_____

_____。

工单二　男性发型塑造训练

【工单准备】

梳子、定型液及吹风机等工具。

【工单实施】

小新即将到酒店上班，需要梳理一个符合职业特点的发型。

（1）结合工作岗位和工作环境，根据已学的知识梳理职业发型。

_____

_____

_____。

（2）学生点评：值得肯定的方面，存在的问题有哪些？

_____

_____

_____。

（3）如何进行调整？

_____

_____

_____。

【任务评价】

请根据本任务的学习和实践训练，分别按照学生自评和教师评价的方式填写表3-2-1的评价内容，并计算出累计得分和总计得分。同时，记录在学习过程中的收获、发现的不足和提出的改进方法。

表3-2-1　职业发型塑造任务评价表

评价内容	要求	分值（分）	学生评价（分）	教师评价（分）
专业知识及技能	（1）能运用基本理论进行实践	10		
	（2）能在教师指导下完成职业发型的梳理	10		
	（3）能够根据不同的岗位要求正确地塑造发型	10		
专业态度及素养	（1）工作区域干净整洁，化妆工具齐全	5		
	（2）能够在实操过程中注意安全规范	5		
小组活动	（1）具有团队协作精神	5		
	（2）具有学习纪律性	5		
小计		50		
总计		100		
在学习过程中的收获：				

（续表）

在学习过程中发现的不足:
提出的改进方法:

思考练习

（1）当发量多时，用隐形发网如何包住发包？

（2）职业发型与日常发型有哪些区别？

（3）如何选择适合职业身份的发型？

模块 4 仪表塑造

通过本模块学习，了解服务人员正确的服饰搭配要求，掌握各种职业着装标准并能在服务工作中熟练运用所学知识。

任务4-1 认识服饰搭配

学习目标

（1）通过对女性职业着装的了解和学习，掌握正确的女性着装（套裙）选择技巧，以及套裙的穿着和搭配注意事项。

（2）通过对男性职业着装的了解和学习，掌握正确的男性西装选择技巧。

（3）通过对饰物佩戴标准和工作牌佩戴标准的了解和学习，掌握职业着装配饰选择的技巧。

案例导入

案例一：套裙质地差，女老板穿成女秘书

有个由国内企业家组成的代表团出国考察，其中有一位女企业家虽然穿的也是一身西服套裙，但外方人员竟一直误以为她是位秘书。原来这位女企业家穿的套裙面料质地不好，做工也不考究，款式过于花哨，以至于与身份不符，造成误会。

案例二：露趾凉鞋，见客丢了印象分

有一位女校长去拜访一位事业上很有成就的50岁左右的女企业家，在办公室外等待时，她想到女企业家的名气和出色的业绩，不禁感到有些紧张。当她见到这位女企业家时，心中的紧张感立刻就没了，并且还平添了几分自信。因为她看到这位胖胖的女企业家穿了一身超短的套裙，并且穿了一双露着脚趾的凉鞋，对该企业家的印象立刻大打折扣。

案例三：公务员穿童装，大家都尴尬

　　某商务代表团到外地开会，当地某政府机构的一位公务员负责接待他们。当代表团成员们见到这位30多岁的女士时不禁面面相觑，暗想："她怎么穿了一身童装！"。原来该女士为了使自己显得年轻，穿了一件绒布的带图案的上衣和一条花哨的七分裤，特别是上衣的领子和花边酷似童装的样式，结果适得其反。

（资料来源：根据相关网络资料整理而得。）

　　回答问题：从这几个故事中你得到什么启示？

　　服饰一般包括服装及配饰。服饰不仅是一个人的个人审美和素质的体现，还反映了一个社会的文明发展程度。服饰的搭配要做到协调，即服饰的色彩、款式要和个人的体型、身份、年龄，以及当时的季节、活动场所等协调一致。

一、女性职业着装规范

（一）女性套裙的基本类型

套裙可以分为两种基本类型。

1. 随意型套裙

随意型套裙是用女式西装上衣和随意的一条裙子进行自由搭配组合成的"随意型"裙装，如图4—1—1所示。

2. 标准型套裙

标准型套裙是女式西装上衣和裙子成套设计、制作而成的"成套型"或"标准型"裙装，如图4—1—2所示。

　　在正式场合穿着的套裙，应该由高档面料缝制而成，上衣和裙子要采用同一质地、同一色彩的素色面料。在造型上讲究为着装者扬长避短，因此提倡量体裁衣、做工讲究。上衣注意平整、挺括、贴身，较少使用饰物和花边进行点缀。裙子要以窄裙为主，并且裙长要到膝或者过膝。一般认为裙短不雅，裙长无神。最理想的裙长是裙子的下摆恰好抵达小腿肚子最丰满的地方。

（二）女性套裙的选择技巧

1. 面料选择

面料选择关键在于质地上乘、纯天然。上衣、裙子和背心等必须是同种面料。要用不起

微课　套裙穿着和搭配注意事项

图4—1—1　随意型套裙

图4-1-2　标准型套裙

皱、不起毛、不起球的匀称平整、柔软丰厚、悬垂挺括、手感较好的面料。

2. 色彩选择

应当以冷色调为主，借以体现着装者的典雅、端庄与稳重。还须使之与各种流行色保持一定差异，以示自己的传统与持重。一套套裙的全部色彩不要超过两种，否则会显得杂乱无章。

3. 尺寸选择

套裙在整体造型上的变化主要表现在它的长短与宽窄两个方面。套裙普遍要求上衣不宜过长，裙子不宜过短，通常套裙中的上衣最短可以齐腰，而裙子最长则可以达到小腿的中部。裙子下摆以抵达着装者小腿肚子最丰满处为宜。

以宽窄肥瘦而论，套裙之中的上衣分为紧身式与松身式两种。一般认为，紧身式上衣显得较为传统，松身式上衣则更加时髦一些。上衣的袖长以恰好盖住着装者的手腕为佳。上衣或裙子均不可过于肥大或包身。

4. 穿着到位

在正式场合穿套裙时，上衣的衣扣必须全部系上，不要将其部分或全部解开，更不要当着别人的面随便将上衣脱下。上衣的领子要完全翻好，有袋的盖子要拉出来盖住衣袋。

不要将上衣披在身上或者搭在身上。裙子要穿得端端正正、上下对齐。应将上衣下摆披入衬裙裙腰与套裙裙腰之间，切不可将其披入衬裙裙腰之内。选择套裙需要考虑年龄、体型、气质、职业等特点。年纪较大或较胖的女性可穿一般款式，颜色可略深些；肤色较深的人不适合穿蓝、绿色或黑色的套裙。国际上通常认为袜子是内衣的一部分。因此，绝不可露出袜边。为避免这种尴尬，女性要么穿长到大腿的长筒袜，要么索性不穿袜子，但不能穿那种半长不短的丝袜。

5. 妆饰选择

套裙上不宜添加过多的点缀。一般而言，以贴布、绣花、花边、金线、彩条、亮片、珍珠和皮革等点缀或装饰的套裙，穿在女性身上都不适宜。在穿套裙时，女性既不可以不化妆，也不可以化浓妆。不允许佩戴与个人身份有关的珠宝首饰，也不允许佩戴有可能过度张扬自己的耳环、手镯和脚链等。

（三）女性套裙的搭配方法

1. 衬衫的搭配

衬衫的颜色可以是多种多样的，只要与套装相匹配即可。白色、黄白色和米色与大多数套装都能搭配。丝绸是最好的衬衫面料，但是保养成本高一些。另一种选择就是纯棉衬衫，但要保证浆洗过并熨烫平整（图4—1—3）。

2. 内衣的搭配

确保内衣要合身，身体线条曲线流畅，既穿得合适，又要注意内衣颜色不要外露（图4—1—4）。

3. 围巾的搭配

选择围巾时要注意颜色中应包含有套裙颜色，选择丝绸质地的围巾最好，其他质地的围巾打结或系起来没有那么好看（图4—1—5）。

	防走光	
图4—1—3　衬衫的搭配标准	图4—1—4　内衣的搭配	图4—1—5　围巾的搭配

4. 袜子的搭配

女性穿裙子应当配长筒丝袜或连裤袜，颜色以肉色、黑色为主，肉色长筒丝袜配长裙、旗袍最为得体（图4—1—6）。女性的袜子一定要大小相宜，太大会往下掉，或者显得一高一低。尤其要注意，女性不能在公众场合整理自己的长筒袜，并且袜口不能露在裙摆外边。同时不要穿带图案的袜子。应随身携带一双备用的透明丝袜，以防袜子拉丝或跳丝。

5. 鞋的搭配

传统的皮鞋是最畅销的职业用鞋。它们穿着舒适，美观大方。建议鞋跟高度为3~4 cm。女性在正式的场合不要穿凉鞋、后跟用带系住的女鞋或露脚趾的鞋。鞋的颜色应与衣服下摆一致或深一些。衣服从下摆开始到鞋的颜色应一致，这可以使大多数人显得更高挑。如果鞋是另一种颜色，人们的目光就会被吸引到脚上。推荐中性颜色的鞋，如黑色、藏青色、暗红色、灰色或灰福色。不要穿红色、粉红色、玫瑰红色和黄色的鞋。即使在夏天，穿白鞋也带有社交而非商务的意义。鞋的搭配如图4—1—7所示。

6. 手提包和手提箱的搭配

手提包和手提箱最好是用皮革制成的。手提包上不要带有设计者的标签。女性的手提箱可以用硬衬，也可以用软衬，最实用的颜色是黑色、棕色和暗红色。女性的手提包颜色应与鞋相配，而手提箱则不必（图4—1—8）。

图4—1—6 袜子的搭配   图4—1—7 鞋的搭配   图4—1—8   手提包和手提箱的搭配

（四）套裙穿着的注意事项

1. 大小适度

上衣最短可以齐腰，裙子最长可以达到小腿中部，上衣的袖长要盖住手腕。

2. 认真穿好

要穿得端端正正，上衣的领子要完全翻好，衣袋的盖子要拉出来盖住衣袋，衣扣全部系上，不允许部分或全部解开，更不允许当着别人的面随便脱下上衣。

3. 注意场合

女性在职场或各种正式活动中，一般以穿着套裙为宜，尤其是在涉外活动中，在其他场合不必一定穿套裙。当出席宴会、舞会、音乐会时，女性可以选择和这类场面相协调的礼服或时装。

4. 套裙应当与妆饰协调

通常穿着打扮讲究着装、化妆和配饰的风格统一、相辅相成。穿套裙时，必须维护好个人的形象，因此不能不化妆，但也不能化浓妆。选配饰也要少，合乎身份。在工作岗位上，女性不佩戴任何首饰也是可以的。

5. 兼顾举止

套裙能够体现女性的柔美曲线，这就要求女性举止优雅、注意个人仪态等。当穿上套裙后，要站得又稳又正，不可以双腿叉开，站得东倒西歪。就座以后，务必注意姿态，不要双腿分开过大或翘起一条腿、抖动脚尖；更不可以脚尖挑鞋直晃，甚至当众脱下鞋来。走路时不能大步地奔跑，只能小碎步走，步子要轻而稳。拿自己够不着的东西时，可以请他人帮忙，千万不要逞强，尤其不要踮起脚尖、伸直胳膊费力地去够，或是俯身、探头去拿。

6. 要穿衬裙

穿套裙时一定要穿衬裙。特别是穿丝、棉、麻等薄型面料或浅色面料的套裙时，如果不穿衬裙，就有可能使内衣"活灵活现"。穿衬裙时，衬裙裙腰不能高于套裙裙腰，否则就暴露在外了。要把衬衫下摆掖到衬裙裙腰和套裙裙腰之间，不可以掖到衬裙裙腰内。

二、男性职业着装规范

1. 男性西装的选择

微课　西装穿着的整体效果

西装又称西服、洋装。穿着西装是一种舶来文化。在中国，人们多把有翻领和驳头、3个衣兜，且衣长在臀围线以下、源自西方的上衣称作西服。西装广义指西式服装，是相对于中式服装而言的欧系服装；狭义指西式上装或西式套装。西装通常是服务人员在商务场合的首选男性着装。西装之所以长盛不衰，是因为它拥有深厚的文化内涵，主流的西装文化常常被人们打上"有文化、有教养、有绅士风度、有权威感"等标签。

西装一直是男性服装中的宠儿，"西装革履"常用来形容文质彬彬的绅士俊男。西装的主要特点是外观挺括、线条流畅、穿着舒适。若配上领带，则更显得高雅典朴。

选购西装时，应注意以下要领。

（1）选购西装时，应注意面料的色彩和质地。色彩应符合当今时代潮流及所在地区的要求。

（2）选料一般以纯羊毛面料和羊毛混纺面料为主，面料质地以细腻、柔软、滑爽、挺括为宜，要求经纬密度适当高些。

（3）选购的西装要突出轻、柔、薄、挺等综合性特点。

轻：整件西装的重量比较轻。

柔：整件西装不同部位的手感都比较柔软滑爽，富有一定弹性，且回复性较好。

薄：所选西装为薄型，即面料与内衬等辅料配伍适宜，面料支数较高，厚度降低，衬布克重相应减少，在不影响西服美观的前提下达到手感轻薄的感觉。

挺：西装的各表面部位比较平整、挺括，主要表现为领子适宜平服，胸部饱满平挺，袖子上部圆顺、丰满，门里襟顺直平服，肩部平挺松紧适宜，袋盖贴合不反翘，下摆圆顺平服等。

（4）鉴别西装各主要部位的缝制质量。目测服装各部位的缝制线路是否顺直，拼缝是否平服，绱袖吃势是否均匀、圆顺，袋盖、袋口是否平服、方正，下摆底边是否圆顺平服。服装的主要部位一般指领头、门襟、袖笼及服装的前身部位，这是需要重点注意的地方。查看服装的各对称部位是否一致。服装上的对称部位很多，可将左右两部分合拢，检查各对称部位是否准确。例如，对西服上对称部位领驳头、领缺嘴、门里襟，以及左右两袖长短和袖口大小，袋盖的长短宽狭，袋位高低进出及省道长短等进行逐项对比。试穿时须注意感觉是否舒适。

（5）试穿时，内穿一件衬衣，最多再穿一件薄型羊毛衫。男性在试穿西服时应自然放松站立，注意感觉自己的颈肩部有无压迫感，如果在颈肩部有明显的沉重感觉，则说明该衣服与自己的体型不够适宜。选购一件适宜的西服，穿在身上应无明显的压迫感和沉重感，应有一种较为轻松的感觉。在试穿西服时，应注意袖笼部位，以两手臂活动时有舒服自如的感觉为宜，防止袖笼过小、过紧，并注意袖笼前后是否平服、圆顺，后背上部靠后领脚处是否平服，以及后背下摆处有无起吊现象、前身门襟有无撅豁现象。

图4－1－9　西装正装着装规范

2. 西装正装的着装标准

西装正装即西装全套，西装的穿搭一直非常严谨，有着自己的一套着装礼仪，每个细节都影响着整套西装最终的呈现效果。下面来介绍西装正装的着装标准。

（1）穿西装时衬衫袖子需要露出1～2 cm。这样的细节和礼仪是很多人所不知道或者忽视的，经常会见到西装袖子遮住手，这样显得不精神，而露出衬衫袖子1～2 cm后就会显得有层次且看起来不沉闷。西装正装着装规范如图4－1－9所示。

（2）西装的衣长要遮住臀峰。在时尚潮流的影响下，越来越多的短款小西装成为主流，很多人会认为这样的西装才够时尚。但是对于正装来说，短款小西装会显得过于轻浮、不沉稳，而标准的商务正装的衣长应该要到达臀峰的位置，这样才显得足够大气和稳重（图4－1－10和图4－1－11）。

图4－1－10　西装标准规范

图4－1－11　错误和正确的西装衣长规范

（3）衬衫的领尖要被西装领遮住。虽然现在很多男性喜欢用小领子的衬衫搭配窄领子的西装，这样虽然顺应时尚潮流，但是对于正装来讲显得不够稳重和成熟，正装的搭配礼仪要求衬衫领尖要被西装领刚好遮住（图4－1－12）。

（4）衬衫的宽窄要与衬衫、西装领子的大小成比例。领带有宽领带和窄领带，宽、窄领带的选择应与衬衫领子、西装领子的大小成正比，这样才能保证协调美观（图4－1－13）。

（5）领带的长度不能超过腰部。领带的长度虽然基本一样，但是因为个人身高的不同或者手法不一，最后领带的长度也会有所差别，太长会显得不利索，太短又会让人觉得过于小气，标准领带的宽头应该刚好在裤腰的位置（图4－1－14）。

（6）西装的纽扣不要全扣上。穿西装系纽扣也是一门学问，千万别把纽扣全扣上。一粒扣西装的纽扣可扣可不扣；两粒扣西装只扣最上面一粒纽扣；三粒扣西装扣最上面的两粒扣，最下面一粒纽扣不扣；双排扣西装可以把所有纽扣都扣上，也可以留一颗纽扣不扣；穿马甲时可以不系西装纽扣（图4-1-15）。

图4-1-12　男性衬衫衣领着装规范

图4-1-13　领带大小规范

图4-1-14　领带长度规范

图4-1-15　西装纽扣着装规范

（7）穿袜子时不能露出腿。黑色皮鞋配白袜子成为典型的反面教材。袜子的颜色或许已经引起人们足够的重视，但是又会经常见到另外一种现象，坐下或者走路时由于袜子的袜筒不够高，会露出小腿，这其实是比较忌讳的。因此，在选择袜子时一定要选择袜筒高的，这样坐下时不会露出小腿。袜子着装规范如图4-1-16所示。

（8）背带与腰带只能选一样。背带与腰带的作用都是固定裤子，使其不会往下掉，两者是互斥的，但是经常有人把背带仅仅当作配饰来点缀整套西装，既用皮带又用背带，看着很复杂，正常情况下要么只用皮带，要么只用背带，背带更能展示绅士的气质，让人更与众不同（图4-1-17）。

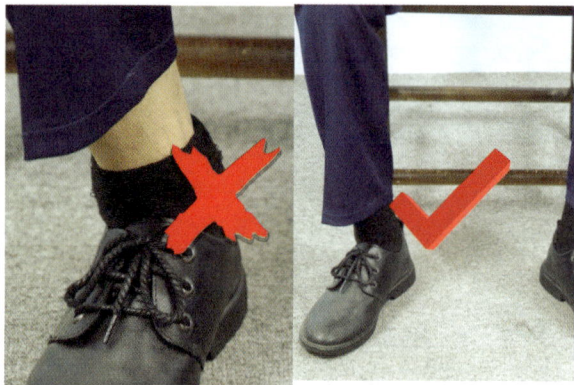

图4-1-16　袜子着装规范

图4-1-17　背带腰带着装规范

知识拓展

西装的历史

西装源于从北欧南下的日耳曼民族的服装。据说当时是西欧渔民穿的，他们终年与海为伴，在海里谋生，只有穿着散领、少扣的服装，捕起鱼来才方便。他们根据人体结构特点，以结构分离组合为原则，形成了以打褶、分片、分体为特色的服装缝制方法，并以此明确了日后流行的服装结构模式。也有资料显示，西装源自英国王室的传统服装，它是同一面料搭配的3件套装，由上衣、背心和裤子组成，在造型上延续了男性礼服的基本形式，属于日服中的正统装束，使用场合甚为广泛，并从欧洲影响到国际社会，成为世界指导性服装，国际上现代的西装形成于19世纪中叶，但从其构成特点和穿着习惯上看，至少可以追溯到17世纪后半叶的路易十四时代。长衣及膝的外衣"究斯特科尔"和比其略短的"贝斯特"，以及紧身合体的半截裤"克尤罗特"一起登上历史舞台，形成现在3件套西服的组成形式和穿着习惯。"究斯特科尔"前门襟纽扣一般不扣，要扣一般只扣腰围线上下的几粒，这就是现代单排扣西装一般不扣纽扣不为失礼、两粒扣一般只扣上面一粒的穿着习惯的由来。

三、职业配饰规范

（一）饰物佩戴标准

饰物之前是指戴在头上的装饰品，现在则泛指各类没有任何实际用途的装饰品。由于其装饰作用十分明显，所以受到社会各界，尤其是广大女性的青睐。如果对配饰礼仪一无所知，则难免会弄巧成拙，招人笑话，不能使饰物真正发挥作用。学习配饰礼仪，需要掌握以下两点。

1. 使用规则

在较为正规的场合使用饰物，务必要遵守其使用规则。这样做的好处是既能让饰物发挥其应有的美化、装饰作用，又能合乎常规，在选择、搭配、使用过程中不至于弄出洋相。

2. 配饰礼仪规定

使用饰物时，应当恪守如下8条规则。

（1）数量规则。使用饰物时以少为佳。在必要时可以一件饰物也不佩戴。若有意同时佩戴多种饰物，则其上限一般为3，即在总量上不超过3种。除耳环、手镯外，最好不要佩戴同类饰物超过一件。

（2）色彩规则。戴饰物时色彩的规则是力求同色。若同时佩戴两件或两件以上饰物，则应使其色彩一致。戴镶嵌饰物时，应使其主色调保持一致。不要戴色彩斑斓的多种饰物。

（3）质地规则。戴饰物时质地上的规则是争取同质。若同时佩戴两件或两件以上饰物，则应使其色彩一致。戴镶嵌饰物时，应使其镶嵌物质地一致，托架也应力求一致。这样能令其总体上协调一致。另外还须注意高档饰物尤其是珠宝饰物，多适用于隆重的社交场合，但不适合在工作、休闲时佩戴。

（4）身份规则。戴饰物时的身份规则是要令其符合身份。选戴饰物时，不仅要照顾个人爱好，还应当使其服从于本人身份，要与自己的性别、年龄、职业、工作环境保持大体一致，不宜使之相去甚远。

（5）体型规则。戴饰物时，体型上的规则是要借助饰物使自己的体型扬长避短。选择饰物时，应充分正视自身的形体特色，努力使饰物的佩戴为自己加分。避短是其中的重点，扬长则须适时而定。

（6）季节规则。戴饰物时，季节规则是所戴饰物应与季节相吻合。一般而言，季节不同，所戴饰物也应不同。金色、深色饰物适于冷季佩戴，银色、艳色饰物则适合暖季佩戴。

（7）搭配规则。戴饰物时，搭配规则是要尽力使服饰协调。佩戴饰物，应视为服装整体设计中的一个环节。要兼顾穿着的服装的质地、色彩、款式，并努力使其在风格上相互搭配。

（8）习俗规则。戴饰物时，习俗规则是尊重习俗。不同的地区、不同的民族，佩戴首饰的习惯也多有不同。对此一是要了解，二是要尊重。戴首饰不讲习俗是万万行不通的。

（二）工作牌佩戴的标准

1. 佩戴工作牌的意义

企业要求员工上班必须佩戴工作牌，这是企业的制度规定，主要作用是便于识别。其实佩戴工作牌还有更深层的含义，具体如下。

（1）佩戴工作牌是对员工的一项纪律约束，能培养员工自我约束的能力。

（2）佩戴工作牌便于识别员工的姓名及其所在的单位、职位等信息。

（3）佩戴工作牌能培养员工规范统一的行为习惯。

（4）佩戴工作牌能潜移默化地让员工与企业融为一体，使其树立"心系企业"的意识。

（5）佩戴工作牌能培养员工积极、主动、高效的工作作风。

（6）佩戴工作牌能培养员工协调、统一、自信的精神面貌。

（7）佩戴工作牌体现了严谨、规范、健康的企业文化。

（8）佩戴工作牌能培养员工集体主义精神，形成强有力的企业团队力量。

2. 工作牌佩戴标准

服务人员上班必须佩戴工作牌，工作牌不能佩戴歪斜或被遮挡。要爱护工作牌，保持工作牌的干净。工作牌牌面和挂绳不能有残缺、破损，工作牌应该专人专用，不可借他人使用工作牌佩戴标准如图4—1—18所示。

图4—1—18　工作牌佩戴标准

任务工单

工单一：女性职业着装训练

【工单准备】

（1）准备女性套裙、衬衫和鞋袜。

（2）准备不同颜色、质地、大小的围巾、手提包或手提箱。

【工单实施】

（1）女性套装穿着练习。进行套裙、鞋袜穿着练习，进行穿着套装整体效果展示，发现问题及时纠正，并按照表4—1—1的内容进行填写。

（2）围巾、箱包搭配练习。分小组练习各种围巾、箱包的选择及搭配，进行搭配效果展示，小组成员互相评判，并按照表4—1—1的内容进行填写。

表4-1-1　女性职业着装训练存在的问题及解决办法

练习项目	存在问题	解决办法
女士套装穿着练习		
围巾、箱包搭配练习		

工单二：男性职业着装训练

【工单准备】

（1）准备男性西装、衬衫和鞋袜。

（2）准备男性领带。

【工单实施】

（1）男性西装穿着练习。进行西装、衬衫、皮鞋穿着练习，进行整体穿着效果展示，发现问题及时纠正，并按照表4-1-2的内容进行填写。

（2）领带佩戴练习。分组练习领带的选择，佩戴，进行佩戴效果展示，小组成员互相评判，并按照表4-1-2的内容进行填写。

表4-1-2 男性职业着装训练存在的问题及解决办法

练习项目	存在问题	解决办法
男性西装穿着练习		
领带佩戴练习		

工单三：职业配饰搭配训练

【工单准备】

（1）准备各种女性配饰。

（2）准备工作牌。

【工单实施】

（1）饰物佩戴练习。女性选择饰物，面对镜子进行佩戴练习，相互评判佩戴效果，发现问题及时纠正，并按照表4-1-3的内容进行填写。

（2）工作牌佩戴练习。男女生一起进行工作牌佩戴分组练习，展示佩戴效果，小组成员互相评判，并按照表4-1-3的内容进行填写。

表4-1-3 职业配饰搭配训练中存在的问题及解决办法

练习项目	存在问题	解决办法
饰物佩戴练习		
工作牌佩戴练习		

【任务评价】

请根据本任务的学习和实践训练，分别按照学生自评和教师评价的方式填写表4-1-4的评价内容，并计算出累计得分和总计得分。同时，记录在学习过程中的收获、发现的不足和提出的改进方法。

表4-1-4 认识服饰搭配任务评价表

评价内容	要求	分值（分）	学生评价（分）	教师评价（分）
专业知识及技能	（1）能运用基本理论进行实践	10		
	（2）女生/男生能掌握女性套裙/西装的穿着注意事项	10		
	（3）能够根据不同的岗位要求正确佩戴工作牌及配饰	10		
专业态度及素养	（1）能够恰当地运用服饰规范	5		
	（2）能够改进不良服饰穿着习惯	5		

（续表）

评价内容	要求	分值（分）	学生评价（分）	教师评价（分）
小组活动	（1）具有团队协作精神	5		
	（2）具有学习纪律性	5		
小计		50		
总计		100		

在学习过程中的收获：

在学习过程中发现的不足：

提出的改进方法：

思考练习

（1）女性套裙穿着要求有哪些？

（2）男性衬衫的穿着要注意哪些细节？

（3）职业配饰的选择要遵循哪些原则？

任务4-2　职业着装标准

▶学习目标

（1）通过对酒店服务人员服装要求的了解和学习，掌握正确的酒店服务人员着装标准。

（2）通过对导游服务人员服装要求的了解和学习，掌握正确的导游服务人员着装标准。

（3）通过对客运（民航、高铁、邮轮）服务人员服装要求的了解和学习，掌握正确的客运服务人员着装标准。

案例导入

　　2023年，北海市中等职业技术学校酒店订单班的学生在上海校企合作酒店实习，期间相关学生代表有幸参加了上海中国国际进口博览会（以下简称进博会）服务接待工作，在接待工作中，这些学生的出色表现获得了企业的认可和表彰，他们良好的形象、规范的着装，以及娴熟的技能得到了与会人员的一致好评。北海市中等职业技术学校学生在上海进博会服务期间的酒店服装展示如图4-2-1所示。

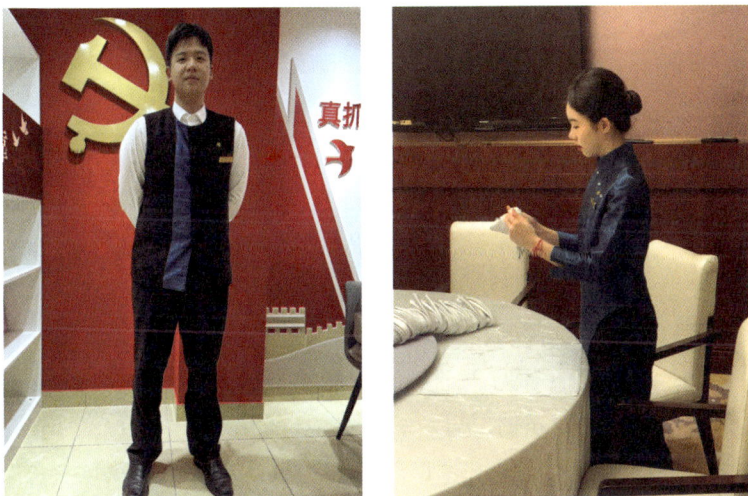

图4-2-1　北海市中等职业技术学校学生酒店服装展示

回答问题：

酒店服务人员的规范着装有何实际意义？

一、酒店服务人员着装标准

微课　酒店服务人员着装标准

　　酒店服务人员着装标准如图4-2-2、图4-2-3及表4-2-3所示。

图4-2-2　酒店服务人员男性着装标准

图4-2-3　酒店服务人员女性着装标准

表4-2-1　酒店服务人员着装标准

类别	男性	女性
着装	着统一的岗位工作服，佩戴相应的领带、领结、领花或者丝巾，工作服要干净、平整、无垢尘、无脱线、纽扣完全扣好，不可衣冠不整，工作牌要戴在左胸前，不得歪斜；不要将衣袖、裤子卷起；衣袋里不能装任何物品，特别是上衣口袋和领子，袖口要干净。内衣不能外露	
鞋袜	着黑色皮鞋，表面锃亮、无灰尘、无破损，着黑色裤子	着黑色皮鞋或布鞋，表面干净，着肉色连裤袜，不挂边、不破损、不滑丝
装饰物	不能佩戴首饰（项链、耳环、手镯及夸张的头饰），特别是不能佩戴豪华昂贵的首饰，以免伤害客人自尊，只允许佩戴手表、铭牌和婚戒	

二、导游服务人员着装标准

在服饰穿戴方面，导游服务人员除了遵循职业工作者的基本服饰礼仪规范外，还应该注意以下5个方面。

（1）应按照旅行社或有关部门的相关规定统一着装。无明确规定者，则以选择朴素、整洁、大方且便于行动的服装为宜。带团时导游服务人员的着装不可过于时尚、怪异或花俏，以免喧宾夺主，使游客产生反感。

微课　如何佩戴首饰

（2）无论男女，导游服务人员的衣裤都应平整、挺括。特别要注意衣领、衣袖干净；袜子应常换洗，不得带有异味。

（3）男性不得穿无领汗衫、短裤和赤脚穿凉鞋参加外事接待活动。女性可赤脚穿凉鞋，但趾甲应修剪整齐。女性穿裙装时，注意袜口不可露在裙边之外。

（4）进入室内后，男性应摘下帽子，脱掉手套；女性的帽子、手套则可作为礼服的一部分，允许在室内穿戴。无论男女，在室内都不可戴墨镜，如有眼疾非戴不可，则应向他人说明原因。

（5）带团时，一般除代表本人婚姻状况的指环外，导游服务人员的其他饰物不宜佩戴过多。

导游服务人员着装标准如图4-2-4所示。

图4-2-4　导游服务人员着装标准

三、客运服务人员着装标准

（一）民航服务人员着装标准

1. 女性空乘人员着装标准

1）制服套装。女性空乘人员的制服套装要用匀称、平整、柔软、丰厚、悬垂、挺括，手感较好的面料制成，长袖上衣的袖长以恰好盖住着装者的手腕为宜，上衣不可过于肥大或紧包在身上；女性空乘人员的制服套装不可起皱，要保持平整、笔挺（图4—2—5）。具体如下。

① 制服套装上衣。女性空乘人员制服套装上衣的衣扣必须全部系上，不得解开；上衣的领子要完全翻好，衣袋的盖子要拉出来盖住衣袋。

② 制服套装裙子。女性空乘人员的裙子要穿得端端正正、上下对齐。裙子上不宜添加过多的点缀，服装不得过紧。裙子长度不得短于20 cm（裙子下摆不得低于膝上10 cm）。

（2）衬衣。女性空乘人员的衬衣必须合身，袖长至手腕。衬衣的领围以插入一指大小为宜，衬衣应轻薄柔软，不挽袖，不漏扣，不掉扣，领口与袖口处尤其要保持干净。

（3）鞋袜。

① 鞋子。女性空乘人员的鞋跟不宜过高或过细；不可穿凉鞋、拖鞋、布鞋等非正装鞋子，应穿深色皮鞋。

② 袜子。女性空乘人员如穿套裙，则其袜子的颜色应与肤色相同，袜子的款式必须是长筒袜，不能穿破损或脱丝的丝袜；不能赤脚；丝袜的袜口不应低于裙子的下缘；不能穿黑色网格带点的丝袜。穿西裤时袜子的颜色应是深色或与肤色相同的颜色。

③ 女性空乘人员可佩戴婚戒、项链、耳钉及正装手表，其他饰物一律不允许佩戴。

图4—2—5　女性空乘人员的制服套装

2. 男性空乘人员着装标准

（1）西装套装。

① 西装。男性空乘人员在工作时间必须穿着素雅的深色西装套装（图4—2—6）。西装要干净、平整，裤子要熨出裤线；西裤的长度应正好触及鞋面；袖口商标必须剪除，保暖衣裤不得从领口、袖口或裤管口露出。男性空乘人员在工作时，一律不允许穿休闲裤和牛仔裤。

② 西装的纽扣。西装若有3粒纽扣，则只系上边两粒；若有两粒纽扣，则只系上面的一粒或全部不扣。

图4—2—6　男性西服套装

③ 西装的衣袋。西装的胸袋必须空着，不能装纸、笔等物品。同时，空乘人员要尽量避免在其他衣袋中携带过多的物品，否则会使衣服显得臃肿。

（2）衬衣。空乘人员的衬衣应挺括、整洁、无皱折，尤其是领口要保持整洁。长袖衬衣袖子应以抬手时比西装衣袖长出 2 cm 左右为宜，领子应略高于西装领子，下摆要塞进西裤里。注意领口和袖口要保持干净。袖口的纽扣须扣好，不得高挽袖口。

（3）领带。空乘人员的领带要求干净、平整，不起皱。此外，领带的长度要合适，打好的领带结必须与衬衣领口扣紧，不能松松垮垮，领带必须位于左右衣领的正中间，领带尖端恰好触及皮带扣，领带的宽度应与西装翻领的宽度协调。

（4）鞋袜。

① 袜子。空乘人员的袜子宁长勿短，以坐下后不露出小腿为宜。袜子颜色要与西装协调，因此必须是深色。

② 皮鞋。穿西装一定要穿皮鞋，且要上油擦亮皮鞋，保持鞋子洁净、光亮，皮鞋的颜色为深色，不能穿皮凉鞋、网眼皮鞋等裸露脚趾的非正装皮鞋。

3. 饰物佩戴标准

男性空乘人员除可以佩戴正装手表、眼镜及婚戒外，其他饰物一律不允许佩戴。

4. 工牌佩戴标准

空乘人员上班时必须佩戴工作牌，工作牌不能佩戴歪斜或被遮挡；要爱护工作牌，保持工作牌的干净。

微课　高铁服务人员着装标准

（二）高铁服务人员着装标准

1. 高铁服务人员职业着装的基本要求

高铁服务人员职业着装的基本要求（图4-2-7）是整洁、挺括、端庄、美观、大方、讲究文明。

2. 高铁服务人员着装原则

（1）整洁原则。着装干净、整洁，整体协调。

（2）和谐原则。采用与形体、职业、年龄、性格、肤色相协调的主色调，如灰色、褐色、蓝色、白色和黑色。

（3）TPO原则。

时间（time）：每天的时间、季节的时间、时代性时间。

地点（place）：地点因素、环境原则。

场合（objective）：目的性、角色定位。

图4-2-7　高铁服务人员职业着装的基本要求

3. 高铁服务人员着装的注意事项

（1）符合身份。不同职位、岗位人员着装要区分开。

（2）扬长避短。要突出高铁服务人员着装的庄重，但要避免显得死板。

（3）遵守惯例。遵守高铁服务人员着装的一贯标准，要与民航、酒店等其他服务行业有所区别。

（4）区分场合。工作时和下班后的着装要有区别，以免使乘客误会。

4. 高铁服务人员着装规范

高铁服务人员必须对个人的服饰予以重视，因为这关系到个人的形象和铁路公司的形象，所以高铁服务人员在列车上必须遵守铁路公司有关服饰的规定，做到上岗时按规定着装。那么高铁服务人员的着装有什么要求呢？具体如下。

（1）高铁服务人员在着工作装时，应保持工作服干净整洁，每次上列车前应将工作装熨烫平整，工作装不允许布满皱纹、残破、有污渍、有异味，干净整洁的服装会给旅客带来清新舒服的感觉。

（2）值勤时，同一车次乘务组服务人员可根据线路季节、天气变化及个人身体素质着装，女性高铁服务人员一律着裙装；迎送乘客时，高铁服务人员可着马甲，寒冷地区可着大衣。

（3）皮鞋应保持光亮、无破损，着制服时须扣好纽扣。高铁服务人员在着大衣、风衣时要系好腰带，佩戴围巾、手套。

（4）登机证佩戴在制服、风衣、大衣胸前，上机后摘掉；服务牌佩戴在制服右上侧，衬衣和围裙的左上侧。

微课　邮轮服务人员着装标准

（三）邮轮服务人员着装标准

邮轮服务人员的服装属于职业服装，有统一的要求与限制。邮轮服务人员整洁大方的服装可以体现出对服务对象的尊重，表达出对服务对象的高度重视。邮轮服务人员得体的着装有助于塑造与维护邮轮企业的形象。邮轮服务人员的服装主要包括在服务工作中所穿戴的正装和便装。

1. 正装

正装泛指人们在正式场合的着装。邮轮服务人员的正装（图4-2-8）是指按照有关规定穿着的与本人所扮演的服务角色相称的正式服装。邮轮服务人员的正装应具有正式规范、庄重大方、符合身份、实用便利等特点。

图4-2-8　邮轮服务人员正装

制服穿着规范。邮轮各岗位有着不同的制服。制服作为邮轮服务人员的正装，能够最大限度地体现职业功能。要使制服在邮轮服务工作中发挥应有的作用，邮轮服务人员在身着正规的制服时必须注意以下4个方面。

（1）制作精良。邮轮服务人员穿着的正装，通常体现了邮轮服务行业的服务特色，它是邮轮服务品牌的象征，是组织形象的重要标志。在邮轮企业财力、物力允许的前提下，为邮轮服务人员统一制作正装，力求精益求精，可以达到锦上添花的效果。

（2）外观整洁。邮轮服务人员身着美观、整洁的服装，不仅能让被服务对象赏心悦目，还能增强对邮轮服务工作的信心。要保证制服的外观整洁，邮轮企业与邮轮服务人员应当齐心协力做到制服外观平整挺括、完好无损、干净卫生、无异味。

（3）文明着装。邮轮服务人员应文明着装。根据邮轮服务礼仪的基本规定，邮轮服务人员在身着正装上班时要展示出文明高雅的气质，还要避免穿着过于裸露、过于薄透、过于短小、过于艳丽的服装。

（4）穿着得当。邮轮服务人员要按规定穿着正装，自觉地穿好正装。

2. 便装选择

便装，又称便服。在绝大多数情况下，人们所说的便装是相对于正装而言的，是适合在各类非正式场合穿着的服装。一般来说，便装在穿着时没有多少严格的限制或规定，因为其使人感到轻松、随便，所以有便装之谓。

在邮轮服务行业里，便装往往是相对于邮轮服务人员在正式场合所穿的套装、制服、礼服一类的正装来说的。实际上，它主要是指邮轮服务人员在日常生活之中所穿的服装。邮轮服务人员接触较多的便装有夹克衫、T恤衫、太空衫、牛仔装、沙滩装、运动装、西短裤等。严格地说，邮轮服务人员在自家之中活动时所穿的家居装、卧室装也应包括在便装之内。

邮轮服务人员平时所穿的便装，无疑是其个人形象的有机组成部分。广大邮轮服务人员日常生活中的形象，其实也是所在邮轮企业形象的一种自然延伸。邮轮服务人员在日常生活之中穿着的便装应遵循邮轮服务礼仪的基本规范。邮轮服务人员在选择便装时，必须认真地了解便装适用的场合、合理的选择及正确的搭配等方面的重点问题。

（1）适用的场合。邮轮服务人员在选择便装时必须优先考虑其适用场合。依照邮轮服务礼仪的具体规定，邮轮服务人员只有在非正式场合才可身着便装，如居家休养、外出度假、运动健身、观光旅游、逛街散步及采买购物等。在某些特定的情况下，如销售便装的邮轮服务人员、游泳教练，邮轮企业统一将某种便装规定为本邮轮的正装，也可以穿便装。

（2）合理的选择。依照邮轮服务礼仪的基本规范，邮轮服务人员在考虑便装对自己合宜与否的问题时，应重点根据自己的性别、年龄与体型特征扬长避短。

（3）正确的搭配。服装的搭配是指人们在穿着服装时，出于一定的目的而将需要穿着的多件服装以一定的规律有机地组合在一起，使其彼此之间和谐、呼应、协调一致，以求发挥最佳的穿着效果。邮轮服务人员在选择便装时，应进行正确的搭配，应当注意风格协调、色彩和谐、面料般配和力戒犯规4个方面。

① 风格协调。邮轮服务人员所选便装在风格上应协调一致。任何款式的便装都有其主导

性风格，如牛仔装的奔放、太空装的怪异、仿军装的豪爽、运动装的矫捷、沙滩装的热烈、家居装的慵懒等。如果有条件，则穿着便装应力求风格上完美一致。至少不要使自己同时所穿的多件便装在风格上相距甚远，甚至相互"打架"。

②色彩和谐。邮轮服务人员所选便装在色彩上应相互协调。邮轮服务人员在对所选便装进行组合、搭配时，除了要兼顾本人对色彩的偏爱和色彩的流行，还要使不同的便装在色彩方面或者统一，或者呼应，在总体上相互协调。

③面料般配。邮轮服务人员所选便装在面料上应彼此般配，不仅要对其舒适与否、外观是否有美感给予重视，还须使所穿的数件便装在面料上大致趋同。如果将轻柔而平滑的真丝上装与粗犷的呢裙配在一起穿着，则二者之间反差过大，会让人觉得不舒服。

④力戒犯规。邮轮服务人员所选便装应力戒犯规，对便装进行组合搭配时，有一些便装搭配的成规，即约定俗成之法，是不可忽视的。

在不同的时间、地点、场合穿着符合身份的服装，是社交活动中着装的基本原则。着装得体，能显示出个人特有的品位和风格，独特的魅力。如果不符合这条原则，那么即使穿上华丽名贵的服装，也会让人觉得品位不对，甚至闹出笑话。

四、职业服饰塑造步骤

职业服饰塑造步骤如图4—2—9所示。

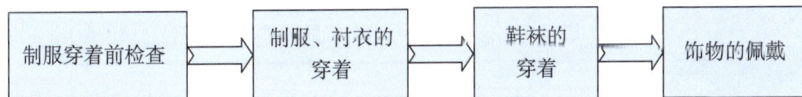

图4—2—9　职业服饰塑造步骤

1. 制服穿着前检查

（1）确认自己工作岗位的工作装。

（2）确认适合自己的尺码。

（3）检查工作装领口和袖口是否洁净。

（4）检查工作装上是否有油、污迹，纽扣是否齐全，是否有漏缝或破边。

2. 制服衬衣的穿着

（1）从衣架上取下衬衣穿好。

（2）衬衣穿好后，下摆必须在裤子或套裙里面。

（3）对着镜子检查，纽扣是否扣齐，穿着是否符合规范。

（4）换下不需要洗涤的衣物应挂在衣架上。

（5）换下需要洗涤的衣物放在布草袋中。

3. 鞋袜的穿着

（1）准备符合各岗位要求式样的皮鞋和布鞋若干，各种颜色和长度的袜子和丝袜若干。

（2）工作岗位的皮鞋或布鞋颜色以素色或黑色为主，式样以端庄大方、平跟为主。

（3）穿着的皮鞋应经常擦油，保持干净、光亮；布鞋要经常洗涤，保持干净。

（4）穿在脚上的鞋袜要保持完整，出现破损要及时修补。

（5）袜子的颜色应该与鞋子的颜色和谐相配。

4. 饰物的佩戴

（1）帽子要戴端正，并符合规范。

（2）工作牌要端正地别在西装左胸翻领上或其他工作装的左胸。

（3）领带（领结）经常是工作装的组成部分，配套工作装应按企业规定佩戴饰物，从整体看要给人整洁、大方的印象。

任务工单

工单一：工作装、衬衣着装训练

【工单准备】

（1）相关工作岗位的工作装、衬衣及衣架。

（2）服装外观整洁，穿着得体。

【工单实施】

请按照表4-2-2的要求进行工单实施。

表4-2-2　工作装、衬衣着装训练

工作内容	实施标准	基本要求
制服穿着前检查	（1）确认自己工作岗位的工作装； （2）确认适合自己的尺码； （3）检查工作装领口和袖口是否洁净； （4）检查工作装是否有油、污渍，纽扣是否齐全，是否有漏缝或破边	按顺序检查，发现问题及时调换
制服和衬衣的穿着	（1）从衣架上取下衬衣穿好； （2）衬衣穿好后下摆必须在裤子或套裙里面； （3）对着镜子检查，纽扣是否扣齐，穿着是否符合规范； （4）换下不需要洗涤的衣物应挂在衣架上； （5）换下要洗涤的衣物放入布草袋中	对着镜子检查或相互检查

工单二：酒店工作装鞋、袜着装训练

【工单准备】

（1）准备符合各岗位要求式样的皮鞋和布鞋若干，各种颜色和长度的袜子和丝袜若干。

（2）自我检查鞋袜的整洁程度、完好程度、型号尺码。

（3）掌握鞋袜穿着要领。

【工单实施】

请按照表4-2-3的要求进行工单实施。

表4-2-3　酒店工作装鞋、袜着装训练

内容	实施标准	基本要求	注意事项
酒店工作装鞋、袜着装训练	(1) 工作岗位的皮鞋或布鞋颜色以素色或黑色为主，式样以端庄大方、平跟鞋为主； (2) 穿着的皮鞋应经常擦油，保持干净光亮，布鞋要经常洗涤，保持干净； (3) 穿在脚上的鞋袜要保持完整，出现破损要及时修补； (4) 袜子的颜色应该与鞋子的颜色和谐相配； (5) 裙装应配与肤色相近的长丝袜	(1) 颜色应比制服的颜色深； (2) 女性袜子不可太短，不可穿有抽丝破损的长丝袜上班	(1) 无论穿何种鞋子，都不可拖地或踩地； (2) 女性应穿中跟或平跟鞋； (3) 除非有特别的需要，不可以在顾客面前把脚从鞋子里伸出来； (4) 暗色和花色长袜不适合与工作套裙搭配

工单三：酒店着装饰物佩戴训练

【工单准备】

(1) 熟悉不同场合佩戴饰物的规范。

(2) 熟练地掌握领带及丝巾的系法。

(3) 准备与工作装相配的帽子、工作牌、领带、领结、衬衣等道具。

【工单实施】

请按照表4-2-4的要求进行工单实施。

表4-2-4　酒店着装饰物佩戴训练

内容	实施标准	要求饰物
酒店着装饰物佩戴训练	(1) 帽子要戴端正，并符合规范； (2) 工作牌要端正地别在西装左胸翻领上或其他工作装左胸上方； (3) 领带（领结）经常是工作装的组成部分，配套工作装时应按企业规定系好领带； (4) 领带不能过长或过短，站立时领带下端及腰带最好； (5) 领带系好后，前面的宽面长于里面的窄面； (6) 领带夹夹在衬衣的第四、五个纽扣之间； (7) 不系领带时，应打开领带扣结，垂直吊放，以备再用	不同的场合佩戴不同的饰物，从整体看要给人整洁、大方的印象。同时要符合企业的职业规范

【任务评价】

请根据本任务的学习和实践训练，分别按照学生自评和教师评价的方式填写表4-2-5的评价内容，并计算出累计得分和总计得分。同时，记录在学习过程中的收获、发现的不足和提出的改进方法。

表4-2-5　职业着装标准任务评价表

评价内容	要求	分值（分）	学生评价（分）	教师评价（分）
专业知识及技能	（1）能运用基本理论进行实践	10		
	（2）能在教师指导下完成职业服饰的简单塑造	10		
	（3）能够根据不同的岗位要求正确地进行不同服饰的塑造	10		
专业态度及素养	（1）能够恰当地运用职业着装标准	5		
	（2）能够改进不良职业着装习惯	5		
小组活动	（1）具有团队协作精神	5		
	（2）具有学习纪律性	5		
小计		50		
总计		100		
在学习过程中的收获：				
在学习过程中发现的不足：				
提出的改进方法：				

思考练习

（1）酒店服务人员的着装标准是什么？

（2）导游服务人员的着装规范有哪些？

（3）客运服务人员着装的注意事项有哪些？

模块 5 妆容塑造

妆容塑造是塑造职业形象的重要组成部分。化妆对于塑造职业形象有画龙点睛的作用，因为它突出表现了人体最富于感情的面部。化妆可以使人焕发青春的光彩，增强自信心，在工作中精力充沛，在社会交往中充满魅力。同时，化妆也是社交活动中相互尊重的一种表现，对社交成功起着神奇的作用。化妆是一门综合的艺术，它不是单纯的涂脂抹粉，而是运用色彩及各种化妆用品来突出和强调每个人面部自然美的部分，并减弱或修饰其欠缺部分，使每个人的容貌都变得尽可能完美。化妆的目的是塑造出淡雅清秀、健康自然、鲜明和谐、富有个性的容貌。

任务5-1 认识化妆基础

▶学习目标

（1）通过了解化妆的作用、掌握化妆的目的，掌握化妆的基本原则来树立良好的职业形象，充分体现对他人的尊重及自我尊重。

（2）掌握基础类化妆品及化妆工具的类型。

（3）掌握护肤类化妆品及彩妆类化妆品的类型及特点。

（4）掌握选择和辨别化妆工具的能力。

▶案例导入

爱美是人的天性，并不是女性的专属。"当窗理云鬓，对镜贴花黄"，我国早在夏、商、周时期就有化妆一说了。只不过那时的化妆和现代的彩妆不同，如原始时代的文身，古代的抹胭脂、青黛画眉等。化妆可以增强个人魅力、掩饰不足、提升个人形象，在现代，由于职业或场合的需要，男性也需要化妆，所以了解化妆、掌握化妆的技巧与操作要领已经成为时代的要求。

回答问题：现代化妆的特点是什么？

一、化妆的作用、目的和原则

（一）化妆的作用

微课　化妆的作用、目的

1. 美化容颜

化妆的直接目的是美化容颜。通过化妆可调整面部皮肤的颜色，改善皮肤的质感，还可以使五官更加生动、传神，使面色显得更加健康等。

2. 保护皮肤

化妆不仅能使人容颜美丽，还可以保护皮肤。例如，避免皮肤因被阳光过度照射而受到刺激；使得彩妆跟面部隔离。

3. 矫正缺陷

世界上没有绝对完美的人，即使天生丽质，也会存在些许不足之处，而使用化妆手段来弥补或矫正面部缺陷是化妆的主要作用之一。化妆可通过对"形"与"色"的巧妙运用改进视觉效果，达到弥补面部缺陷的目的。例如，通过化妆可使扁塌的鼻梁显得立体，使较厚的嘴唇显得薄些，使小眼睛显得大而有神等。

4. 增强自信

随着社会交往的日益频繁，化妆可使人更加活泼、生动；在职业活动中，化妆成为尊重他人的原则之一，化妆在为个人增加美感的同时，也大大增强了人们的自信心。

（二）化妆的目的

1. 社会交往的需要

社会在进步，人们的生活方式也在不断地发生改变，社会交际也更加频繁。人们可通过正确的化妆与适当的服饰、发型搭配，以及良好的修养、优雅的谈吐，使自己更具魅力。

2. 职业活动的需要

服务人员化妆是职业规范的要求、职业道德的体现、职业活动的需要。通过人为的修饰，更能反映出新时代的职业风貌。

3. 日常生活的需要

除了气质、风度，仪容的修饰也很重要。化妆不仅能使人容貌美丽、精神焕发，还能使人以愉快的心情投入学习和工作中，促进感情交流，增进友谊。

（三）化妆的原则

1. 美化原则

每个人都希望通过化妆使自己变得更美丽。服务人员化妆应做到自然大方、朴实无华、素净雅致。做到了这一点，妆容才能与自己特定的身份相称，才会为他人所认可，才能扬长避短，使容貌更加迷人。

2. 自然原则

自然是化妆的生命，它能使化妆后的脸看起来真实而生动，而不是一副呆板生硬的面具。从心理学角度来看，服务人员过分的修饰会给顾客留下过于浮夸的印象，从而影响顾客的情绪，因此服务人员的外貌修饰应当自然得体。

3. 协调原则

协调原则主要如下。

（1）妆面协调，指化妆部位色彩搭配、浓淡协调，整体设计协调。

（2）搭配协调，指脸部化妆时注意与发型、服装、饰物相协调，力求取得完美的整体效果。

（3）岗位协调，指要考虑到自己的职业特点和身份，采用不同的化妆手段和化妆品。

▶ **知识拓展**

皮肤的健康标准

皮肤犹如一面镜子，可以折射出人的健康状况、年龄和情绪等。理想中的皮肤应该是均匀、光洁、柔嫩、滋润并富有弹性的。皮肤色泽均衡、光彩亮丽，会给人以健康、清爽、柔和之美。皮肤美的综合性判断标准主要有以下几点。

（1）皮肤有弹性。在正常情况下，真皮层有弹力纤维和胶原纤维，皮下组织脂肪丰富，皮肤富有弹性且显得光滑平整。

（2）健康的肤色和纹理。健康的肤色是自然的红润，纹理应细致光滑。

（3）皮肤清洁有活力。健康的皮肤应没有污垢、污点，看上去清洁亮丽。

（4）皮肤正常且耐衰老。健康的皮肤应不易敏感、不油腻、不干燥、皱纹少。

总之，良好的生活习惯、有规律的作息时间、保持愉快的心情对皮肤的保养是非常重要的。

二、常用化妆用品及用具的选择

1. 洁肤类化妆品

洁肤类化妆品是指用于溶解并去除油脂、污垢及其他类型化妆品残留的洁肤护理用品。洁肤类化妆品包括洗面奶、洁面皂等。

（1）洗面奶。洗面奶是目前市场上最为流行的洁肤用品，品种繁多。洗面奶是一种不含碱性或含弱碱性的液体软皂（图5-1-1）。

（2）洁面皂。洁面皂又称美容皂、洁肤皂和滋养皂，其特点是质地细腻紧密，泡沫丰富，去污力强，可用于全身清洁，价格相对较低，是一种使用方便的洁肤品（图5-1-2）。

图5-1-1　洗面奶

图5-1-2　洁面皂

2. 常用化妆用具

常用化妆用具见表5-1-1所列。

表5-1-1　常用化妆用具

用具名称	解释及作用	图示
海绵粉扑	质地柔软，容易控制，上粉均匀服帖	
睫毛夹	能够使睫毛卷曲并向上翘，塑造弧度。使用方法如下：由睫毛根部至梢部依次以强、中、弱的力度施力，将睫毛夹翘	
修眉剪	有弯头和直头两种，在剪去多余眉毛的同时，能够更加自如地修整眉毛的形状	

（续表）

用具名称	解释及作用	图示
修眉刀	可用于修正眉形，修掉多余的眉毛，使眉毛边缘整齐	
化妆棉	可用于涂抹爽肤水或者用于卸妆	

3. 常用化妆套刷

常用化妆套刷见表5－1－2所列。

表5-1-2 常用化妆套刷

套刷名称	解释及作用	图示
扇形刷	又称鱼尾扫，其外形饱满，用于清扫面部多余的粉质和修落的多余毛发，是化妆刷中最大的一种刷子	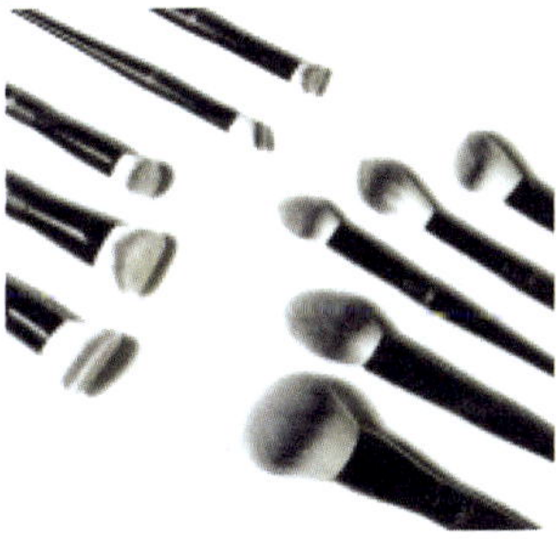
蜜粉刷	定妆时可以用来蘸取蜜粉，也是化妆刷中较大的一款刷子	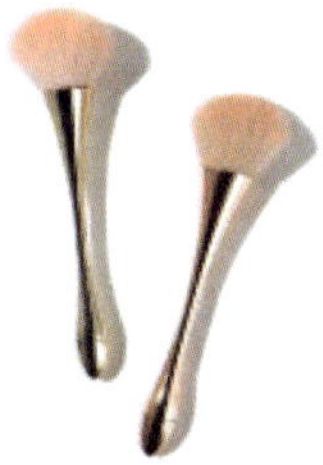
腮红刷	毛质为马毛，用来刷腮红	

（续表）

套刷名称	解释及作用	图示
修容刷	用于在化妆结束后涂刷阴影色，也可用于修饰面部轮廓。切记修容刷一定要和腮红刷分开使用，避免因颜色混合而弄脏妆面	
粉底刷	 微课　用化妆刷涂抹粉底 刷子材质为尼龙，用来涂抹液体粉底，使粉底涂抹均匀，可减少用粉的量	
斜面刷	毛质为黄狼尾，用于提亮面部并对细小部位定妆	
海绵眼影刷	材质为海绵，用于描画色彩较浓重的眼影，也可防止眼影粉掉落在面庞上	
毛质眼影刷	毛质为黄狼尾，用来涂抹眼影，大号的眼影刷适用于大面积晕染、提亮，小号的眼影刷适用于小面积晕染。使用时建议不同色系选用不同的刷子	
眼线刷	毛质为黄狼尾，是沾水后将水溶眼线粉调和后画眼线的工具	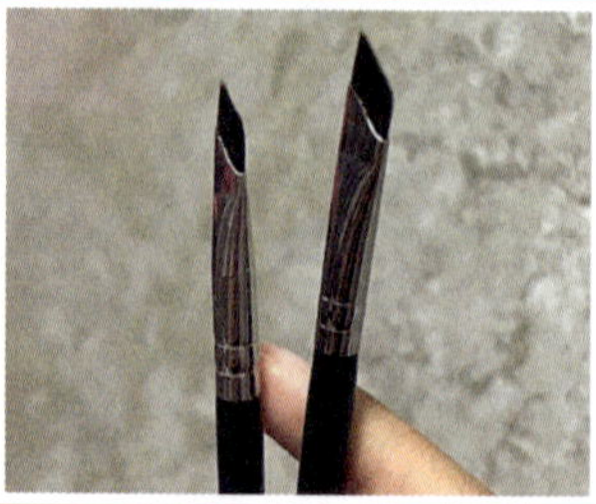

（续表）

套刷名称	解释及作用	图示
睫毛刷	材质为杜邦尼龙，也称螺旋眉扫，用来修整眉毛或梳理眉形	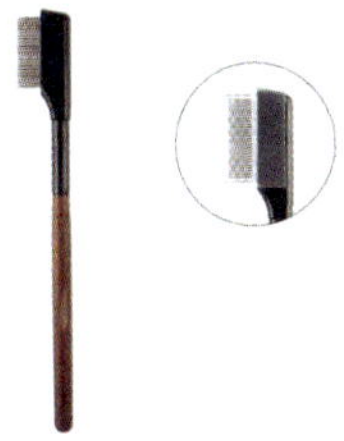
斜面眉扫	毛质为黄狼尾，可蘸取眉粉描画眉毛，刷毛扁平不分散	
眉梳	又称双面眉扫，是一种特制梳子，用来整理和修剪眉毛，也叫梳开粘连在一起的睫毛	
遮瑕刷	毛质为黄狼尾，也称改笔，用于蘸取粉底遮盖面部的瑕疵、眼袋、黑眼圈，或用于改正化妆时细小的错误	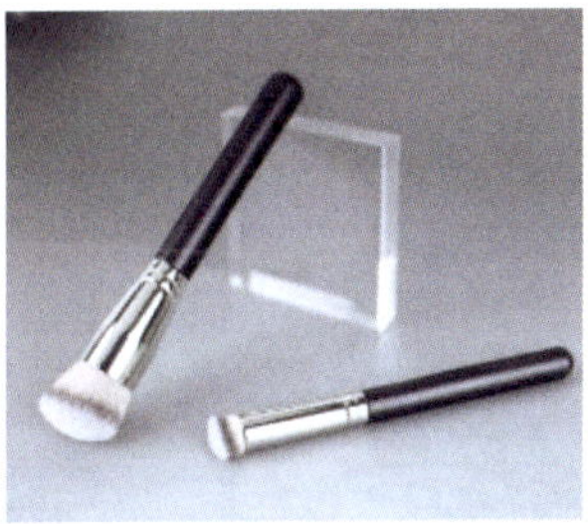
唇刷	毛质为尼龙，是用来涂抹唇部化妆品的工具	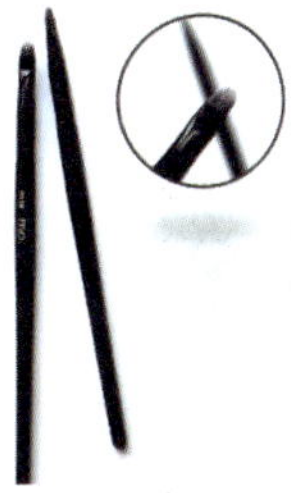

4. 护肤类化妆品

护肤类化妆品包括爽肤水、乳液、面霜、眼霜、精华素等。

（1）爽肤水。爽肤水也称紧肤水、化妆水等，有些含有微量的酒精，有些是纯植物配方。爽肤水的作用在于再次清洁肌肤以恢复肌肤表面的酸碱值，并调理角质层（图5—1—3）。

（2）乳液、面霜。涂抹乳液、面霜是基础护肤最重要的一步。乳液、面霜具有良好的润肤作用，也有保湿效果。面霜如图5—1—4所示。

（3）眼霜。眼霜可用来保护眼睛周围比较薄的一层皮肤。眼霜对祛除眼袋、黑眼圈、鱼尾纹等有一定的效果（图5—1—5）。

（4）精华素。精华素含有微量元素、胶原蛋白等营养成分，具有防衰老、抗皱、保湿、美白等作用（图5—1—6）。

图5—1—3　爽肤水　　　　图5—1—4　面霜　　　图5—1—5　眼霜　　图5—1—6　精华素

5. 彩妆类化妆品

（1）面颊类化妆用品。面颊类化妆品包括粉底、粉饼、遮瑕膏、蜜粉、腮红、修容粉等。

① 粉底。粉底是种能够增强面部立体感的化妆品，用于打底和修饰肌肤，可以调整肤色、改善肤质、遮盖皮肤瑕疵（图5—1—7）。

微课　黑眼圈的遮瑕方法

② 粉饼。粉饼用于定妆及补妆，通常会配有一块海绵，以便补妆，使妆效更持久（图5—1—8）。

③ 遮瑕膏。遮瑕膏质地较干，遮盖力强，适用于局部有瑕疵的皮肤，如斑点、痘印、毛孔粗大、眼袋、黑眼圈等（图5—1—9）。

④ 蜜粉。蜜粉又称散粉，用于化妆的最后一个步骤定妆，以保持整体妆面（图5—1—10）。

图5—1—7　粉底　　　图5—1—8　粉饼　　　图5—1—9　遮瑕膏　　　图5—1—10　蜜粉

⑤ 腮红。腮红是用来修饰面颊的彩妆品（图5—1—11）。腮红可以矫正脸型，突出面部轮廓，统一面部色调，使肤色更加健康、红润。腮红主要有粉状腮红和膏状腮红两种，其中粉状腮红较为常用。

⑥ 修容粉。修容粉用于修饰脸部轮廓，可使脸部整体更有立体感（图5—1—12）。

（2）眉部化妆用品。眉部化妆品包括眉笔、眉粉。

① 眉笔。眉笔是描画眉毛的工具，呈铅笔状或扭管状，其芯质较眼线笔的芯质硬，颜色有黑色、棕色和灰色等（图5—1—13）。

② 眉粉。刷上眉粉后可使眉毛更加自然，且眉粉不容易脱落。眉粉如图5—1—14所示。

图5—1—11 腮红　　图5—1—12 修容粉　　图5—1—13 眉笔　　图5—1—14 眉粉

（3）眼部用品。眼部用品是描画眼部所用的化妆品，用于调整和修饰眼形，使眼部轮廓更鲜明、更富有神采。

① 眼线液。眼线液为半流动液体，并配有细小的毛刷，但操作难度较大（图5—1—15）。

② 眼线笔。眼线笔外形类似铅笔，可使用特制的卷笔刀或小刀改变笔头的粗细，其笔芯质地柔软，易于描画，效果自然（图5—1—16）。

③ 眼影粉。眼影粉的色泽鲜亮，涂后可使眼睛整体效果更好。

④ 睫毛膏。睫毛膏是用于修饰睫毛的化妆品，目的在于使睫毛更显浓密、纤长、卷翘，以及加深睫毛的颜色（图5—1—17）。

⑤ 假睫毛。使用假睫毛可增加睫毛的浓度和长度，使眼睛更深邃有神，可用专用胶水将假睫毛固定在睫毛根部。假睫毛如图5—1—18所示。

 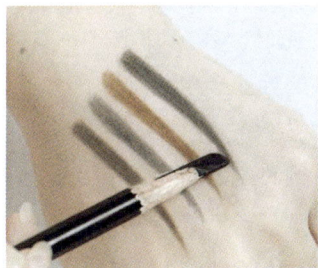  

图5—1—15 眼线液　　图5—1—16 眼线笔　　图5—1—17 睫毛膏　　图5—1—18 假睫毛

⑥ 美目贴。美目贴可用于改变眼睑的宽度，矫正眼睛（图5—1—19）。

（4）唇部用品。唇部用品包括唇膏、唇彩、唇线笔、唇釉。

① 唇膏。唇膏用于加强唇部色彩的立体感、调整滋润唇部（图5—1—20）。

② 唇彩。唇彩富含各类高度滋润油脂和闪光因子，滋润感强（图5—1—21）。

③ 唇线笔。唇线笔外形似铅笔，芯质较软，可用于描画唇部的轮廓线（图5—1—22）。

④ 唇釉。唇釉较为滋润，带有颜色，可以提升唇部的整体气色（图5—1—23）。

图5—1—19　美目贴

图5—1—20　唇膏　　　图5—1—21　唇彩　　　　　图5—1—22　唇线笔　　　　　图5—1—23　唇釉

▶知识拓展▶

常用化妆用具的保养

化妆用具不用时要放在专用的化妆箱内并摆放整齐，要定期保养常用工具。

（1）对于除唇刷外的刷子类用具，应每两周用洗发露清洁一次。清洁时，先在手心处倒一滴洗发露，将浸湿的粉刷沿顺时针方向搅动手心处的洗发露，再用温水冲净，并将刷毛按原来的方向整理好，放到毛巾上置于阴凉处晾干，注意不可使用吹风机吹干。

（2）每次用完唇刷后，应用软纸蘸上清洁霜顺着刷毛将唇刷擦拭干净，这样既可以保持唇刷的卫生，又可以保证在使用唇刷时不至于使唇膏混色。

（3）粉扑的最佳清洗时间为两天一次。清洗时，在粉扑上滴一滴洗发露，然后在手心处沿顺时针方向揉压，最后用温水冲净，拧干后置于阴凉处晾干。

（4）使用睫毛夹后，要用面巾纸擦拭橡皮垫，特别是在涂完睫毛膏后，更要将睫毛夹清洁干净。对于睫毛夹的金属部分，要用柔软的布擦拭干净，以免生锈。

三、面部化妆知识

1. 面部结构组成

对人的面部结构进行了解是美容化妆的基础环节。人们必须熟悉面部的基本部位及其名称，掌握基本部位的特点，从而有针对性地进行美容化妆。

人的面部结构（图5—1—24）组成可分为以下几个部分。

（1）眉部。眉毛包括眉头、眉峰和眉尾。

（2）眼部。眼睛包括上眼线、下眼线、内眼角、外眼角和眼窝。

（3）鼻部。鼻部包括鼻根、鼻梁、鼻翼和鼻尖。

（4）唇部。嘴唇包括上唇、下唇、唇角和唇峰。

2. 标准面部结构比例

（1）标准脸型。西方的艺术家将人体视为世间最美的物体，人的面部轮廓和五官亦具有最美的要素和最为精确的比例。面部轮廓以左、右鬓角发际线间距为宽，以额头发际线到下巴尖的间距为长，构成一个黄金矩形。黄金

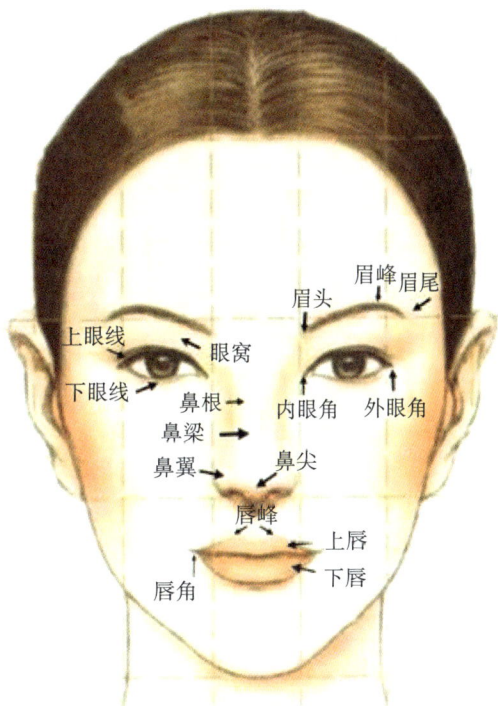

图5—1—24　人的面部结构组成

矩形是指宽与长之比等于或近似等于0.618的长方形。比例恰当、左右基本对称的面部能让人觉得舒适、悦目。鼻部是面部比例的中心，它上承额部、下接口唇，使面部平衡、对称、统一地在其两侧，对五官的整体和谐起着重要作用。面部的线条美和立体感都以鼻部为中轴线，从侧面看，闭口时，鼻部的轮廓线从鼻根至上唇占有面部的两个"S"形曲线，从鼻尖到下巴尖画一条直线，若是双唇前缘正好落在这条直线上，则为完美的侧面轮廓。

（2）"三庭五眼"。面部结构的标准比例关系即面部的黄金比例是"三庭五眼"（图5—1—25），人的五官比例只要在这个范围内，就能给人一种视觉上的平衡感。三庭，即从人的发际线到眉骨、从眉骨到鼻尖、从鼻尖到下巴的距离正好相等，各为1/3；五眼即正常人的两个眼睛之间的距离正好是一只眼睛的宽度，外眼角到发际线又是一只眼的距离。如果两眼之间的距离小于一只眼睛的宽度，就会给人紧张、阴沉的感觉；若两眼之间的距离大于一只眼睛的宽度，则会给人以缺少心机的感觉。

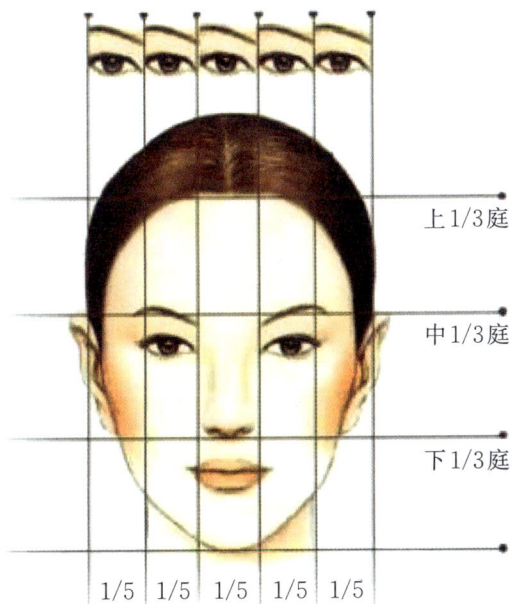

图5—1—25　"三庭五眼"

> **知识拓展**

面部肌肉与化妆的关系

面部肌肉附着于骨骼之上，与骨骼形成面部不同的形态特征。肌肉的厚薄、生长方向成为面部丰满或消瘦的主要生理特征。肌肉的走向也能体现一个人的精神面貌，这就是我们常说的"相由心生"。

面部肌肉的活动就是不断地收缩与扩张，表皮也随之运动，并随着年龄的增长而逐渐衰老。肌肉在这衰老的过程中，逐渐因失去弹性而萎缩，开始下垂，此时表皮就会失去依托的附着物而产生皱纹。我们在表现增加年龄感的妆面时，就是根据不同的年龄阶段、肌肉的衰老程度来表现肌肉的下垂程度与走向。

化妆时一定要了解肌肉的走向与其产生的表情之间的关系。例如，额肌向下附着于鼻部的上端和两侧及眶上缘的皮肤。此肌微微收缩时，表达惊愕的表情等；与皱眉肌配合运动时，表达悲哀等情绪。如果在生活中一直保持乐观态度，人的肌肉走向就会往横向发展；如果生活中经常是悲观的，人的肌肉走向就会往纵向发展。我们在塑造不同性格特点的人物时，要学会合理利用这些表情与肌肉的依存关系。

任务工单

工单一：妆面分析训练

【任务准备】

（1）学生准备不同类型的图片（20多岁年轻女孩的生活淡妆照、女性邮轮服务人员工作妆容照、男性高铁服务人员工作妆容照和导游服务人员工作妆容照）各若干张。

（2）教师从学生准备的妆容照片中挑选出合适的照片各1张。

【任务实施】

根据教师选出的照片进行判断。

（a）20多岁年轻女孩的生活淡妆照。

（b）女性邮轮服务人员工作妆容照。

（c）男性高铁服务人员工作妆容照。

（d）导游服务人员工作妆容照。

（1）对20多岁年轻女孩的生活淡妆照片进行妆面分析，并将分析结果填写于下方。

_____

_____

_____

_____

_____。

（2）对女性邮轮服务人员工作妆容照片进行分析，并将分析结果填写于下方。

_____

_____

_____

_____。

（3）对男性高铁服务人员工作妆容照片进行分析，并将分析结果填写于下方。

_____

_____

_____

_____。

（4）对导游服务人员工作妆容照片进行分析，并将分析结果填写于下方。

_____

_____

_____。

工单二："三庭五眼"描绘训练

【任务准备】

（1）模具头模。

（2）A4素描纸，2B铅笔和橡皮。

【任务实施】

（1）两个学生为一个小组，使用模具、头模指出"三庭五眼"的划分标准，并将划分标准填写于下方。

_____

_____

_____。

（2）在A4素描纸上描画出人脸的"三庭五眼"，并相互记录描画的效果，并将记录填写于下方。

_____

_____

_____。

工单三：化妆工具选择训练

【任务准备】

（1）化妆工具：化妆套刷、海绵粉扑、棉签和化妆棉。

（2）化妆用品：底妆化妆用品、眼部化妆用品、眉部化妆用品、面颊化妆用品和唇部化妆用品。

【任务实施】

（1）角色：小李从妈妈的化妆箱中找出了许多化妆用品及用具，他想从中选出用于描画眼部的彩妆。将选择方法填写于下方。

_____

_____

_____。

（2）根据所学知识分组讨论，选出用于描画眼部的彩妆用品，并说明各有什么，填写于下方。

_____

_____

_____。

（3）描述各类眼妆用品如何搭配化妆用具使用，并将使用方法填写于下方。

_____

_____

_____。

【任务评价】

请根据本任务的学习和实践训练，分别按照学生自评和教师评价的方式填写表5-1-3的评价内容，并计算出累计得分和总计得分。同时，记录在学习过程中的收获、发现的不足和提出的改进方法。

表5-1-3　认识化妆基础任务评价表

评价内容	要求	分值（分）	学生评价（分）	教师评价（分）
专业知识及技能	（1）能在教师指导下运用基本理论进行实践	10		
	（2）能够认识及选择合适的化妆用品及工具	10		
	（3）能正确地描绘出"三庭五眼"	10		
专业态度及素养	（1）工作区域干净整洁，化妆工具齐全	5		
	（2）能够在实操过程中注意安全规范	5		
小组活动	（1）具有团队协作精神	5		
	（2）具有学习纪律性	5		
小计		50		
总计		100		
在学习过程中的收获：				

（续表）

在学习过程中发现的不足：
提出的改进方法：

思考练习

（1）彩妆类的化妆品主要有哪些？

（2）你的脸型符合"三庭五眼"的标准吗？

任务5-2 男性妆容塑造

随着时代的发展与进步，男性在生活和工作中也需化妆来修饰自己，让自己在职场和社交中拥有更加良好的形象。有研究表明，良好的形象能让男性在工作中得到同事和上司的赞赏，使其在社交中得到异性的青睐，从而赢得宝贵的工作机会和快捷的小事效率，以及更广阔的交往空间。

学习目标

（1）了解男性常见的皮肤类型，掌握男性皮肤护理的方法，能够按照正确的护理程序完成面部护理操作。

（2）了解男性常用化妆用品的选择方法，掌握男性职业妆容的塑造方法，能够按照正确的化妆程序完成面部妆容塑造。

案例导入

中医讲究人与天地相应，也就是说外界环境的任何变化都可直接或间接影响人体，中医养生学追求人的生活顺应四季的变化。皮肤也是如此，一般在冬季皮肤普遍偏干，油性皮肤的皮脂分泌量也相应减少；在夏季皮肤偏油，干性皮肤也会显得光泽滋润；而换季时，皮肤则会变得敏感。刚入秋，酒店经理小国早上洗完脸后总感觉皮肤很干燥，偶尔还有起皮的情况，洗脸后涂上润肤霜脸上还会泛红。他赶紧向比较擅长保养的同事小陈咨询这种情况应该如何处理，小陈告诉他只有根据季节的更替来了解皮肤的变化情况并采取保养措施，才能维持皮肤的健康状态。

回答问题：

① 你觉得案例中的经理小国属于哪种皮肤类型？

② 换季时护肤品需要更换吗？

一、男性皮肤护理

1. 男性常见皮肤类型

（1）干性皮肤。干性皮肤无光泽，细微的皱纹较多，表面可见鳞片状皮屑，遇冷、热刺激时容易发红，油脂分泌少，干涩，粗糙。

（2）油性皮肤。油性皮肤皮脂分泌丰富，易受污染，对细菌的抵抗力较弱。若不注意清洁护理，则易生粉刺、痘痘，皮肤会变得粗糙。处于生长发育期的男青年多属此类皮肤。

（3）混合性皮肤。混合性皮肤皮脂分泌通畅，皮肤细腻光滑，受气候的影响，皮肤夏天会稍油，而冬天稍干。此类属正常皮肤。

（4）过敏性皮肤。过敏性皮肤易对紫外线、化妆品、药品、化学制剂和化纤衣物过敏。过敏时，皮肤出现红肿、发痒、脱皮、丘疹，严重的还会引起皮肤炎症。

（5）暗疮性皮肤。暗疮性皮肤可见明显的暗疮及色素沉着，有深色斑点。

（6）衰老性皮肤。衰老性皮肤男性皮肤显著衰老大概在55岁左右，一般表现为：皮脂分泌减少，出现较多、较深的皱纹；皮肤无光泽，无弹性，明显松弛，苍白或浮肿，皮肤干燥。

2. 男性皮肤护理方法

（1）干性皮肤（图5—2—1）。经常做面部按摩，改善局部血液循环。选用酸性清洁用品，洁面后使用富含营养成分的油脂类护肤膏保养护肤。少吸烟，每天保持充足的睡眠，多食富含蛋白质及微量元素的食品。

（2）油性皮肤（5—2—2）。先用清洁力强的男性专用洗面香皂清洁脸部，再用滴入少量（几滴便可）白醋的温热水洗净，并用脱脂棉蘸适量化妆水轻轻拍打面部，每天至少早晚2次。使用男性专用乳液护肤，保持充足的睡眠、愉快的心情。少食辛辣、刺激及高脂肪食品，多吃蔬菜、水果，严格控制咖啡、烟、酒的量。

（3）混合性皮肤。夏天注意防晒，冬天注意防冻，早晚用男性专用清洁用品洁面，之后用富含营养成分的男性专用护肤品护肤。混合性皮肤虽属正常皮肤，但保证充足的睡眠、忌食辛辣食品、控制烟酒仍是必要的。

（4）过敏性皮肤（图5—2—3）。夏日防晒，冬天防冻；在未确定过敏原的情况下，别接触海鲜、花粉、长毛宠物、化纤衣物和杀虫剂。早晚净面和护肤时，应选用含有营养成分、性质柔和的男性洁面用品和护肤品。

（5）暗疮性皮肤（图5—2—4）。每天早晚用硫黄香皂洁面，之后用加入少量食盐的冷水清洗干净。洁面后，用硫黄软膏或四环素软膏涂抹患处。适当补充维生素C、微量元素，多喝白开水，多食蔬菜、水果，禁食辛辣、油腻食品及咖啡、花生、浓茶和烟酒。症状严重时，及时到医院接受治疗。

（6）衰老性皮肤（图5—2—5）。防晒，忌烟酒，保持足够的睡眠；淡泊名利，保持健康的心态和愉快的情绪，坚持力所能及的体育锻炼。早晚用温水和男性专用洗面奶清洁面部、颈部、手臂部皮肤，并涂抹男性专用护肤润肤品，以保持皮肤滋润，减缓皮肤衰老。

图5-2-1　干性皮肤

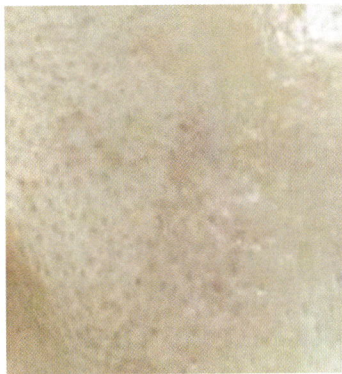

图5-2-2　油性皮肤

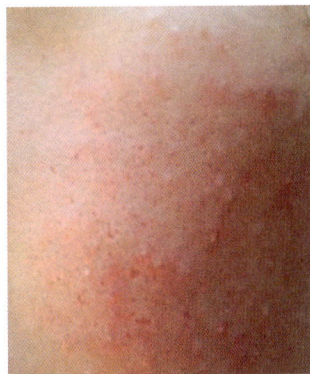

图5-2-3　过敏性皮肤

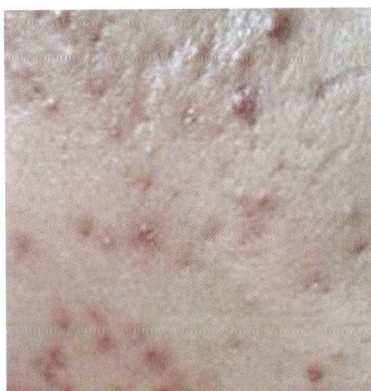

图5-2-4　暗疮性皮肤

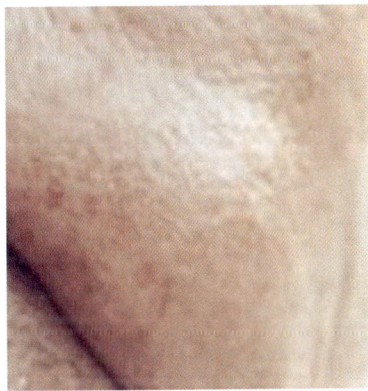

图5-2-5　衰老性皮肤

3. 男性护理常见误区

（1）不根据自己的肤质选择护肤品。男性出油比较多，应尽量选择清爽型护肤品，使用滋润型护肤品会出现油腻不适的情况，应根据自身情况选择护肤品，不要盲目跟随别人。

（2）冷水洗脸。男性一般比较随意，特别是夏天，为了爽快用冷水洗脸，水温过高或者过低都会刺激皮肤，洗脸尽量用接近体温的温水。

（3）用毛巾擦脸。有条件时建议用洁面巾擦脸，因为毛巾有水分，反复使用容易滋生细菌，所以毛巾一定要放在通风干燥处，并经常更换。

（4）不擦防晒品。防晒也属于护肤的一个环节，并且非常重要，想做好护肤，就要避免紫外线对皮肤的伤害。

4. 男性皮肤护理步骤

男性皮肤护理步骤如图5-2-6所示。

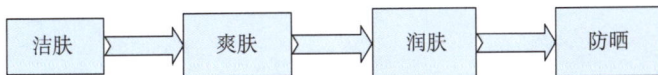

洁肤 → 爽肤 → 润肤 → 防晒

图5-2-6　男性皮肤护理步骤

（1）洁肤。具体如下。

① 将脸用温水打湿。

② 取适量洗面奶于手心搓至起泡，自下而上"推"皮肤。

③ 由下巴向额头，用手指轻轻按摩1～2分钟。

④ 用清水清洗。

⑤ 用毛巾或者化妆棉把水分吸干。

（2）涂抹爽肤水。具体如下。

① 取一小块化妆棉，把紧肤水（或收缩水）倒到化妆棉上。

② 把化妆棉上的紧肤水轻擦于脸上，手法为自下而上。

（3）涂抹护肤霜。具体如下。

① 一次取黄豆大小的护肤霜在脸上均匀涂抹开，注意日霜与晚霜区分使用。

② 涂抹完用手轻碰脸蛋，感觉皮肤是否已经紧致，若皮肤已紧致，则表明吸收完毕。

（4）涂抹防晒霜。具体如下。

① 在出门前15分钟取硬币大小的防晒霜。

② 将防晒霜点涂在面部各部位，再往外均匀涂开即可。

③ 在额头、颧骨、鼻子等突出且容易晒到的地方可以2次涂抹。

二、男性化妆用品的选择和化妆基本程序

1. 男性化妆用品的选择

（1）16～20岁男性护肤用品选择的重点：清洁＋保湿（水乳）＋防晒。

如果皮肤正常，则18岁前不建议做太复杂的皮肤保养；不要过早使用功效型（如美白、淡斑）护肤品，避免对皮肤产生副作用。

（2）20～28岁男性护肤用品选择的重点：清洁＋保湿＋抗初老。

根据自己的肤质选择适合的护肤品，可以根据肤质使用功效型（如控油祛痘、去黄提亮）护肤用品。

（3）28～35岁男性护肤用品选择的重点：清洁＋保湿＋抗初老＋防晒。

随着自身新陈代谢的逐渐缓慢和外界环境对皮肤的刺激，这个年龄段男性的皮肤开始走下坡路，逐渐产生不同程度的衰老和皮肤问题，需要使用功效型（如控油、淡斑、淡化细纹、抗氧化）护肤品。

（4）35岁以上男性护肤用品选择的重点：清洁＋高保湿＋抗衰老＋防晒。

随着胶原蛋白的流失，皮肤会加快衰老，会产生粗糙、松弛、色斑等皮肤问题。应根据自身情况，使用高营养、高保湿、有提拉紧致效果的护肤品，平常多运动，帮助提升身体和肌肤的新陈代谢。

2. 男性化妆基本程序

（1）洁面。由于男性的皮肤分泌物产生较快且多，故建议使用控油类洁面膏顺着毛孔生长的方向由上往下进行面部清洁。剃须，清洁面部。

（2）护肤。由于男性的皮肤多为偏油性，所以应选用收缩毛孔类的控油爽肤水，以防止脱妆，保证整个妆面的持久。少量使用乳液。整个面部皮肤油脂分泌过多或只在"T"字部位油脂分泌较多的人，不应在油分过多的地方使用乳液，其他部位稍涂一些乳液即可。

（3）底妆。男性所用粉底应能够突出皮肤的质感，故选用粉底液、粉底霜即可。

（4）脸型修饰。男性的脸型修饰应突出面部的立体感，尤其是鼻梁的高挺。

（5）眉部化妆。选择合适的眉形。一般常见的男性眉形有标准眉、剑眉、平粗眉和欧式眉。

（6）眼部化妆。男性的眼部化妆不必过度晕染，稍画眼线即可。

（7）腮红晕染。可以选用偏浅的灰棕色调，忌选择大红等艳色。

（8）唇部化妆。男性口红颜色应尽量选择棕调或者偏咖色，不要选择明艳的色彩。

3. 男性职业淡妆

男性职业淡妆化妆步骤如图5－2－7所示。

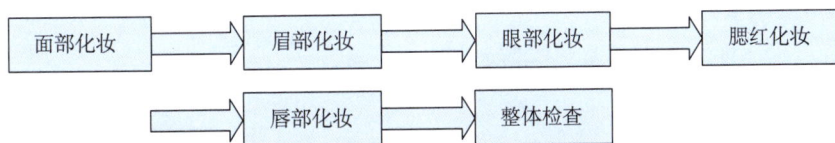

图5－2－7　男性职业淡妆化妆步骤

（1）面部化妆。具体如下。

① 涂化妆水，用棉球蘸取化妆水向脸面叩拍。

② 用粉底霜，用手指或手掌在脸上点染晕开，不宜过厚。

③ 上粉底，用手或手掌点抹。

④ 扑化妆粉，用粉扑白上而下地扑均匀。

（2）眉部化妆。具体如下。

① 修眉。清洁眉毛及周围皮肤，根据标准眉和个人的眉形特点，确定眉头、眉腰、眉峰、眉梢的位置，选用合适的修眉用具，修去眉形以外多余的眉毛。

② 眉毛描画。眉形的多样化使眉毛富于变化和表现力。眉形的选择对眉毛的修饰和美化非常重要。男性眉形的选择包括标准眉、剑眉、平粗眉和欧式眉（图5－2－8）。

（3）眼部化妆。

① 涂眼影。采用平涂法，先选用单色眼影，由上眼睑的睫毛根部起笔向上晕染，渐渐至眼窝的位置消失，用眼影刷紧贴睫毛根部小面积晕染，加重睫毛根部。在眉骨处扫上亮色眼影，不仅能提亮眉骨、突出立体感，还能和上眼影形成衔接。

② 描眼线。用眼线笔沿眼睫毛底线描画。

（4）腮红晕染，用颊红轻、染轻扫面颊。

（5）唇部化妆。

（6）整体检查。具体如下。

① 检查发际线和眉形是否有粉底霜。

② 检查双眉是否对称。

③ 检查腮红是否涂匀。

④ 检查妆面是否平衡。

⑤ 检查与穿着是否协调。

⑥ 适当调整修改。

微课　认识常见眉形

标准眉

画出标准眉的整体框线形状。

眉头细、向上微挑、眉峰要转折。

✔ **适合脸型：任何脸型**

（a）标准眉

剑眉

画出剑眉的整体框线形状。

平直且向上扬，向太阳穴方向画，眉型相对较粗长。

✔ **适合脸型：任何脸型**

剑眉是较绅士有男子气概的眉型，给人以骨骼刚毅，很英气的感觉。

（b）剑眉

平粗眉

画出平粗眉的眉框线形状。

眉头和眉峰相连接，略带弧度，突显眉峰，上下平衡。

✔ **适合脸型：鹅眉脸**

给人一种农粗原始、刚正不阿的感觉，适合五官大气、浑厚的人群。

（c）平粗眉

欧式眉

画出欧式眉的眉框线形状。

眉尾位置比眉头位置高，眉峰要明显突出，眉尾要细，棱角分明。

✔ **适合脸型：圆脸**

眉骨高，突显眼窝深邃感，眉峰要明显突出，眉尾要细，棱角分析。

（d）欧式眉

图5-2-8　标准眉、剑眉、平粗眉、欧式眉的画法

任务工单

工单一：男性皮肤护理训练

【工单准备】

1）准备洗面奶、毛巾、化妆棉、爽肤水、润肤霜、防晒霜等护肤用品。

2）准备化妆镜和化妆桌椅。

3）做好手部清洁。

【工单实施】

（1）判断自己的皮肤类型并记录于下方。

_____

_____

_____。

（2）对照不同皮肤类型选择合适的护肤用品，将护肤用品的名称记录于下方。

_____

_____

_____。

（3）两个人一组进行皮肤护理练习。

工单二：男性职业淡妆化妆训练

【工单准备】

（1）基础护肤类用品、彩妆类化妆用品、化妆套刷等化妆工具。

（2）化妆镜和化妆桌椅。

【工单实施】

两个学生一组按照上妆步骤及方法进行上妆练习，妆容完成后进行整妆检查。并将上妆练习中的错误或者忘记的步骤记录于下方。

_____

_____

_____。

▶知识拓展

男性化妆肤色的修饰

男性肤质多数属于油性皮肤，因此在化妆前要先仔细清洗面部皮肤，再涂抹比较滋润的护肤霜，使面部毛孔缩小，保持水润状态。男性所用的粉底颜色一般要比女性的粉底颜色略深，但要根据具体的人物肤色来定。粉底涂抹要均匀，在面部转折结构处利用不同深浅层次的底色来强调男性面容的棱角和线条感。定妆粉的颜色与粉底的颜色要协调统一，以减少男性面部的油光，使皮肤看上去更有质感，要特别注意面部粉底色与颈部、耳朵、手部等裸露在外的肤色的过渡、协调与统一。

【任务评价】

请根据本任务的学习和实践训练，分别按照学生自评和教师评价的方式填写表5-2-1的评价内容，并计算出累计得分和总计得分。同时，记录在学习过程中的收获、发现的不足和提出的改进方法。

表5-2-1　男性妆容塑造任务评价表

评价内容	要求	分值（分）	学生评价（分）	教师评价（分）
专业知识及技能	（1）能够恰当地使用合适的化妆工具及化妆用品	10		
	（2）能在教师指导下对照操作标准，使用正确的技法完成男性护肤的基本步骤	10		
	（3）能够正确地完成男性职业淡妆的化妆	10		
专业态度及素养	（1）工作区域干净整洁，化妆工具齐全	5		
	（2）能够在实操过程中注意安全规范	5		
小组活动	（1）具有团队协作精神	5		
	（2）具有学习纪律性	5		
小计		50		
总计		100		
在学习过程中的收获：				
在学习过程中发现的不足：				
提出的改进方法：				

思考练习

（1）防晒霜在什么时间涂抹比较合适？应该如何涂抹防晒霜？

（2）男性腮红一般选择什么颜色？选择的依据是什么？

任务5-3 女性妆容塑造

无论是在职场上还是在生活中，良好的妆容都给人以健康、自信的印象。较好的妆容是女性的"招牌"和"门面"，是一个人精神面貌与内在素养的外观体现，因此每一个职场女性都需要树立塑造妆容、维护自我良好形象的意识。

▶学习目标

（1）了解女性常见皮肤类型，掌握女性皮肤护理的方法，能够按照正确的护理程序完成面部护理操作。

（2）能够判断皮肤状态并选择合适的彩妆用品。

（3）了解常用的化妆品品牌。

（4）熟练掌握职业淡妆的化妆步骤。

▶案例导入

乘务员小李是一个活泼的姑娘，在生活中性格爽朗、为人热情。她成为高铁乘务员半年多来很受同事喜爱，也深受乘客赞许，但是她大大咧咧，对自己的妆容不是特别在意。有一次她像往常一样在车厢里忙着，吃完午饭没有检查妆容就去服务乘客了，当她走到一位带小朋友的乘客面前时，小朋友笑嘻嘻地大声说："阿姨，你的嘴巴怎么了，怎么有几种红色啊，还一块一块的"。小李顿时感到很尴尬。

回答问题：

① 这个案例告诉我们妆容在工作中重要吗？为什么？

② 这个案例带给你什么启示？

一、女性皮肤护理

（一）女性常见皮肤类型及护理重点

人的皮肤按皮脂腺的分泌状况，一般分为中性皮肤、干性皮肤、油性皮肤、混合性皮肤和敏感性皮肤几种类型。在清洁护理皮肤时，要根据皮肤的不同类型选用适宜的护肤产品，使皮肤保持健康的状态。

微课 如何护理肌肤

1. 中性皮肤

中性皮肤是健康、理想的皮肤，其皮脂腺、汗腺的分泌量适中，皮肤既不干燥也不油腻，红润细腻而富有弹性，毛孔较小，厚薄适中，对外界刺激不敏感，没有皮肤瑕疵。中性皮肤多见于青春期前的少女，皮肤pH值在5～5.6。

护理重点：给予皮肤基础的日常保养，注重保湿，加强防晒。

2. 干性皮肤

干性皮肤白皙，毛孔细小而不明显，皮脂分泌较少，皮肤易干燥，易起细小皱纹，对外界刺激较敏感。干性皮肤的pH值在4.5～5，可分为干性缺水和干性缺油两种皮肤类型。干性缺水皮肤多见于35岁以上年龄的女性，皮肤较薄，干燥而不润泽，可见细小皮屑，皱纹较明显，皮肤松弛缺乏弹性。干性缺油皮肤多见于年轻女性，由于皮脂分泌量少，不能滋润皮肤，所以皮肤缺油。皮肤缺油常伴有皮肤缺水，表现为皮脂分泌量少，皮肤较干，缺乏光泽。皮纹细致，毛孔细小不明显，常见细小皮屑。

护理重点：注意保湿、滋润，选择温和的护肤品，不要过多地去角质，一年四季加强防晒。

3. 油性皮肤

油性皮肤的皮脂腺分泌旺盛，皮肤油腻光亮，肤色较深，毛孔粗大，皮纹较粗，对外界刺激不敏感，不易产生皱纹，但易生粉刺和痤疮。油性皮肤多见于青春期至25岁的年轻女性，pH值在5.6～6.6。

护理重点：做好深层清洁，经常去角质及敷面，同时面膜和爽肤水对于深层清洁、收敛毛孔非常重要。

4. 混合性皮肤

混合性皮肤兼有油性皮肤和干性皮肤的特征，在面部T型区呈油性状态。

护理重点：对夏季出现混合偏油，但冬季又出现混合偏干的情况要区别对待。此外，T区及两颊容易产生粉刺及暗疮的地方要特别注意清洁。

5. 敏感性皮肤

敏感性皮肤是一种问题性皮肤，皮肤看上去较薄，容易看到红血丝（扩张的毛细血管）。皮肤容易泛红，一般温度变化、过冷或过热时，皮肤都容易泛红、发热。这是一种容易受环境因素、季节变化及面部保养品刺激的皮肤类型，通常有遗传因素，并可能伴有全身的皮肤敏感问题。

护理重点：注重保湿等基本保养，增加皮肤含水量，加强皮肤的屏障功能可以大大增强皮肤的抵抗力，减少外界物质对皮肤的刺激。

> ▶ 知识拓展
>
> ## 如何选择妆前护肤产品
>
> 人的皮肤性质大致分为5种：中性、干性、油性、混合型和敏感性。
>
> （1）中性皮肤为最好的肤质，化妆前用普通保湿产品即可。
>
> （2）干性皮肤缺水、易起皮，化妆前适合选用偏油性、有营养的护肤品。
>
> （3）油性皮肤毛孔偏大易出油，化妆前要清洁干净皮肤，选用保湿补水类产品护肤。
>
> （4）混合性皮肤比较常见，表现为额头和鼻翼区出油较多，两颊偏干，可以结合干性和油性的特点来选择化妆前的护肤品。
>
> （5）敏感性皮肤相对脆弱，尽量选择不含酒精、香料等刺激性成分的护肤品，化妆前可选择植物性隔离霜对皮肤做防护。

（二）女性皮肤护理的重点

（1）用正确的方法洗脸。洗脸水的温度不宜过高，可以早上用冷水洗脸，晚上用热水洗脸。洗脸的方向应为从下向上、从内向外，长期养成习惯可以防止肌肉下垂。

（2）面部按摩。按摩可以起到运动皮肤的作用，促进血液循环，活跃面部神经，改善皮肤的营养，以减缓皮肤的老化过程。按摩的方法很多，一般可以用两手掌相互摩擦发热，然后顺着面部肌肉的生长方向，由下向上、由内向外进行按摩，指法要轻。此外，还可以使用各种面膜或营养液敷面，进行皮肤的保养与护理。

（三）女性皮肤护理步骤

女性皮肤护理步骤如图5－3－1所示。

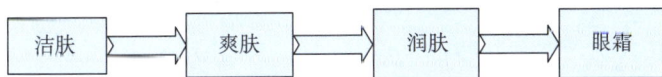

图5－3－1　女性皮肤护理步骤

1. 洁肤

（1）将脸用温水打湿。

（2）取适量洗面奶于手心搓至起泡。手法自下而上"推"皮肤。

（3）由下巴向额头，用手指轻轻按摩1～2分钟。

（4）用清水清洗。

（5）用洗脸巾或者化妆棉把水分吸干。

微课　洁面

2. 涂抹爽肤水

（1）取一小块化妆棉，把紧肤水（或收缩水）倒到化妆棉上。

（2）把化妆棉上的紧肤水轻擦于脸上，手法自下而上。

3. 涂抹护肤霜

（1）一次取黄豆大小的量在脸上均匀涂抹开，注意日霜与晚霜使用。

（2）涂抹完用手轻碰脸蛋感觉一下皮肤是否已经紧致为吸收完毕。

4. 涂眼霜

（1）一次取黄豆大小的量在眼睛周围，从内眼角往外眼角点涂按压。

（2）外眼角往太阳穴方向要使用向上提拉的手法涂抹。

（3）用类似弹钢琴的手法，用手指快速按压眼周肌肤。

二、女性化妆用品、妆容及化妆步骤

（一）女性常用化妆用品选择

（1）Bobbi Brown（芭比波朗）。该品牌为化妆师专业彩妆保养品品牌，由彩妆家Bobbi Brown于1991年在美国纽约创立。Bobbi Brown以干净、清新、时尚的理念闻名于世。

（2）Dior（迪奥）。它是享誉世界的法国奢侈品品牌，成立于1946年，创始人为克里斯蒂。迪奥的产品线涵盖了高级时装、配饰、香水和化妆品。

（3）Chanel（香奈儿）。该品牌于1918年入驻巴黎，品牌风格为简单、舒适、纯正。香奈儿的产品种类繁多，有化妆品、服装、珠宝和饰品。

（4）Estee Lauder（雅诗·兰黛）。1946年，雅诗·兰黛公司成立于美国纽约，主要出售4种护肤品。

（5）M.A.C（魅可）。它是全球专业彩妆艺术的权威品牌。拥有上百款不同质地、不同色彩的眼影、唇膏、唇彩、粉底等彩妆产品，种类丰富，色彩齐全，旨在实现所有人的美丽梦想。

（6）SK－Ⅱ。它是1975年在日本创立的护肤品牌，是日本护肤品开发中的完美结晶。

（7）Armani（阿玛尼）。阿玛尼是一个在护肤、彩妆、香水领域都比较专业的美容品牌。

（8）YSL（圣罗兰）。它是著名的法国奢侈品品牌，涵盖了口红、护肤品和香水产品。

（9）欧莱雅。欧莱雅是大众化妆品品牌之一，主要生产染发护发、彩妆及护肤产品，其出众的品质一直倍受全球爱美女性的青睐。

（10）Nars（娜斯）。它是出身时尚界的法国彩妆大师Franxois Nars于1994年创立的美国专业彩妆品牌。

（二）女性常见妆容

（1）生活妆，又称淡妆，适用于日常生活和工作，其特点是清新、自然、不做过分修饰，通常展现在自然光下（图5－3－2）。

（2）裸妆，指看起来仿佛没有化过妆一样的妆容，没有丝毫化妆的痕迹，却使人看起来比平日更精致（图5－3－3）。对女性来说，裸妆是盛夏季节的首选妆容。清透、自然的裸妆适合任何人群，特别适合那些皮肤质地好的女性。

（3）生活晚妆，是指女性在日常生活中，参加晚会、晚宴时化的妆（图5－3－4）。晚会、晚宴的气氛热烈，人们服饰讲究。因此，生活晚妆的妆色要艳丽，妆容应略夸张。

（4）晚宴妆，是指人们出席各种宴会时所设计的妆容（图5－3－5）。晚宴由于光线柔和、幽暗，一般不容易看清化妆的痕迹，因此给女性的化妆修饰创造了条件。晚宴妆面底色可以涂得厚一些，唇膏和颊红色可加红些，并且可以大胆地利用矫正化妆法。

图5－3－2　生活妆　　　　　图5－3－3　裸妆　　　　　图5－3－4　生活晚妆

（5）新娘妆，是在结婚典礼上为新娘设计的妆容（图5－3－6）。新娘妆有别于一般的化妆，格外注重妆容，不仅要注重脸型、肤色的修饰，化妆的整体表现还要突出自然、高雅、喜气的特点。新娘的妆容要特别注重整体美感的呈现，新娘的发型、化妆配饰、礼服、头纱、捧花均须精心设计，并且要与新娘的仪态、气质相协调。

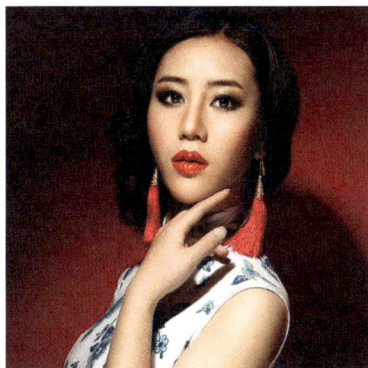

图5－3－5　晚宴妆

（三）女性职业淡妆化妆步骤

女性职业淡妆化妆步骤如图5－3－7所示。

1. 面部化妆

（1）涂化妆水，用棉球蘸取化妆水向脸面叩拍。
（2）用粉底霜，用手指或手掌在脸上染晕，不宜过厚。
（3）上粉底，用手或手掌点染。
（4）扑化妆粉，用粉扑自上而下地扑均匀。

2. 眉部化妆

（1）修眉。清洁眉毛及周围皮肤，根据标准眉和个人的眉形特点，确定眉头、眉腰、眉峰、眉梢的位置，选用合适的修眉用具，修去眉形以外多余的眉毛（图5－3－8）。

图5－3－6　新娘妆

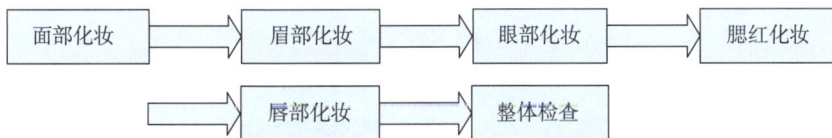

图5－3－7　女性职业淡妆化妆步骤

微课　打粉底

（2）画眉。

① 选择眉形。眉形的多样化使眉毛富于变化和表现力。眉形的选择对眉毛的修饰和美化非常重要。在选择眉形时要注意以下两点。

a. 根据眉毛的自然生长条件来确定眉形。较粗、较重的眉毛造型设计余地大，可通过修眉来形成多种眉形；较细、较浅的眉毛在造型时有一定的局限性，只能根据自身条件进行修饰，否则会给人失真、生硬的感觉。

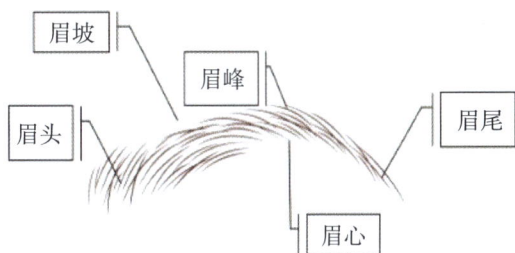

图5－3－8　修眉

b. 根据脸型选择眉形。眉毛是面部可以通过大幅修饰改变形状的部位，因而对脸型有一定的矫正作用。

② 常见眉型选择如图5—3—9所示。

a. 柳叶眉：眉形呈柳叶状，符合东方审美，细长的眉尾可以从视觉上缩短额头的宽度。

b. 拱形眉：整条眉的高低起伏比较大，眉峰呈优美的方形，眉峰在眉的3/5处，也可以后移，整条眉给人向上提的感觉，可以使长脸显得短一些、窄额头显得宽一些。

c. 上挑眉：整条眉有上扬挺拔的倾斜度，眉峰的弧度不大，上挑拉长，给人英俊的感觉。

d. 平直眉：平直，整条眉毛基本在一条水平线上，这种眉形显得纯朴可爱，在视觉上有强烈的横向效果，可使长脸显得短一些，窄额头显得宽一些。

(a) 柳叶眉　　　　　(b) 拱形眉　　　　　(c) 上挑眉　　　　　(d) 平直眉

图5—3—9　常见眉形

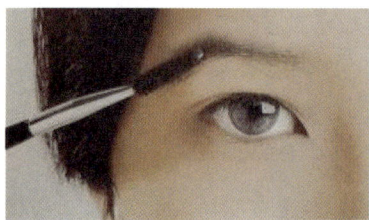

图5—3—10　扫除粉底

③ 眉毛描画。眉头与内眼角应在一条直线上。眉尾的长度是从鼻翼拉一条呈45°角的斜线穿过眼尾，眼尾长至此斜线并相接为宜。将眉毛分为3等分，在2/3的部位再向眼头移少许，就是眉峰的位置，但眉峰最好不要有角度。眉头与眉尾几乎呈水平线，但眉尾可略高些。

具体方法如下。

a. 用螺旋刷扫除眉毛上多余的粉底（图5—3—10）。

b. 用眉刷蘸上眉影粉，画出眉毛的轮廓（图5—3—11）。

c. 用眉笔在眉毛残缺的部位一根根地补上眉毛（图5—3—12）。

d. 用眉扫将眉笔的颜色扫匀。可用手指把眉尾擦一擦，使得眉尾更自然、不生硬（图5—3—13）。

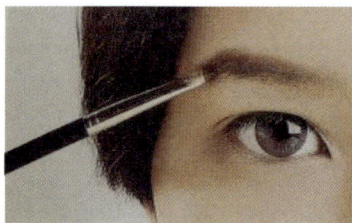

图5—3—11　画出眉毛轮廓　　　　图5—3—12　补上眉毛　　　　图5—3—13　扫匀眉毛

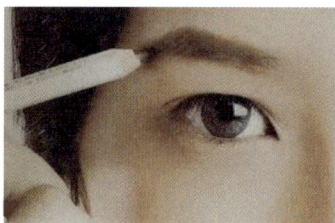

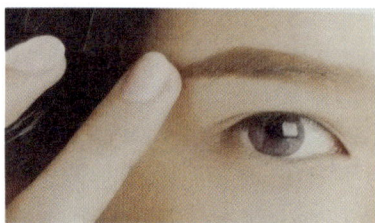

3. 眼部化妆

（1）涂眼影。采用平涂法，先选用单色眼影，由上眼睑的睫毛根部起笔向上晕染，渐渐消失眼窝的位置同一色。用眼影刷紧贴睫毛根部小面积晕染加重睫毛根部颜色，在眉骨处扫上亮色眼影，不仅能提亮眉骨突出立体感，同时也和上眼影形成衔接（图5—3—14）。

（2）描眼线。用眼线笔沿眼睫毛底线描画；用手指将眼皮向上撑开，能清楚地看到睫毛的根部，从眼尾到眼中再到眼头，分两段描出眼线；在黑眼球上方，再补一条和眼珠同宽的，成略机一点的眼线，使眼珠看起来更圆更大（图5—3—15）。

(a)   (b)   (c)

图5—3—14 涂眼影

（3）睫毛修饰。用睫毛夹使睫毛卷曲上翘，这样可以增添眼部的立体感。涂抹睫毛膏，此时眼睛要向下看，睫毛刷由睫毛根部向下、向外转动，然后眼睛平视，睫毛刷由睫毛根向上、向内转动。

微课 睫毛卷翘方法

(a)

(b)

图5—3—15 描眼线

4. 腮红化妆

用颊红轻染、轻扫面颊，以颧骨为中心向四周扫匀；长形脸横打胭脂，圆形脸和方形脸竖打胭脂（5—3—16）。

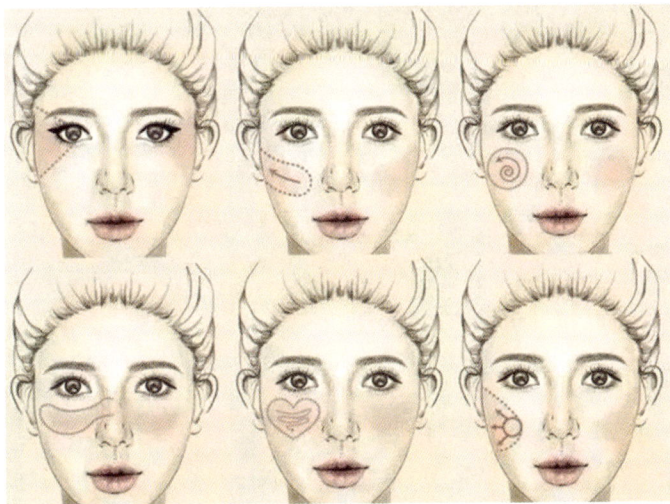

图5—3—16 腮红化妆

5. 唇部化妆

（1）用唇笔描上下唇轮廓，起调节色泽、改变唇形的作用，如图5—3—17（a）所示。

（2）涂口红。用唇刷来上口红，用大拇指和食指捏住唇边，先涂上唇，再由嘴唇的两边往唇中刷，如图5—3—17（b）所示。

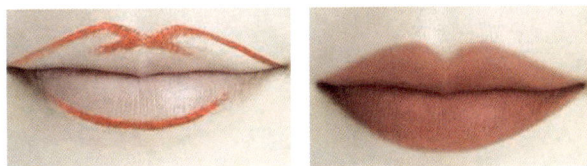

(a) 描上下唇轮廓   (b) 涂口红

图5—3—17 唇部化妆

6. 整体检查

（1）发际和眉形是否有粉底霜。

（2）双眉是否对称。

（3）腮红是否涂匀。

（4）妆面是否平衡。

（5）妆容与穿着是否协调。

（6）适当调整修改。

微课　口红的基本涂抹法

▶知识拓展

修剪眉形的正确方法

　　好的眉形是画好眉妆的基础，整齐的眉形可以让人显得更精神，也可以修饰不完美的脸形。首先设计适合的眉形，确定眉毛的标准位置，眉头的位置在与内眼角纵向垂直、同眼头平行和眉毛的交集点上。眉峰的位置在眼球外边缘纵向垂直线和眉毛的交集点上。眉尾的位置在与嘴角至眼尾的延长线相交的点上。修眉工具主要有修眉刀、眉钳、眉剪等，按照眉形用修眉刀或者眉钳修去多余的杂眉，扫去多余的眉毛。

任务工单

工单一：女性护肤训练

【工单准备】

（1）洗面奶、毛巾、化妆棉、爽肤水、润肤霜、眼霜等护肤用品。

（2）化妆镜和化妆桌椅。

（3）做好手部清洁。

【工单实施】

（1）角色扮演：你即将走上工作岗位，要开始给自己化淡妆。

（2）检查护肤情况，判断皮肤状态是否合适上妆，并将检查的结果记录于下方。

_____

_____

_____。

（3）上妆，按照女性职业淡妆上妆步骤及方法练习上妆，并将不熟练的步骤记录于下方。

_____

_____

_____。

（4）妆容塑造完成后进行整妆检查。

工单二：女性职业淡妆化妆训练

【工单准备】

基础护肤类用品、彩妆类化妆用品、化妆套刷等化妆工具。

【工单实施】

小丽在给自己做了相应的皮肤护理后，进行彩妆化妆。

微课　补妆的方法

【任务评价】

请根据本任务的学习和实践训练，分别按照学生自评和教师评价的方式填写表5—3—1的评价内容，并计算出累计得分和总计得分。同时，记录在学习过程中的收获、发现的不足和提出的改进方法。

表5-3-1　女性妆容塑造任务评价表

评价内容	要求	分值（分）	学生评价（分）	教师评价（分）
专业知识及技能	（1）能够恰当地使用合适的化妆工具及化妆用品	10		
	（2）能在教师指导下对照操作标准，使用正确的技法完成女性护肤的基本步骤	10		
	（3）能够正确地完成女性职业淡妆的上妆	10		
专业态度及素养	（1）工作区域干净整洁，化妆工具齐全	5		
	（2）能够在实操过程中注意安全规范	5		
小组活动	（1）具有团队协作精神	5		
	（2）具有学习纪律性	5		
小计		50		
总计		100		
在学习过程中的收获：				
在学习过程中发现的不足：				
提出的改进方法：				

思考练习

（1）面部按摩内容有哪些？

（2）眉毛和眼妆两边不对称怎么办？

任务5-4　矫正化妆修饰

矫正化妆存在于一切化妆中。矫正化妆是指利用线条和色彩的明暗、层次变化，在面部的不同部位制造视觉错觉，使得面部优势得以发扬和展现，缺陷和不足得以弥补与改善的手段。

▶ **学习目标**

（1）在理解脸部轮廓和五官知识的基础上，通过上妆技巧来修饰脸形、塑造五官。

（2）掌握常见脸形的矫正及修容方法。

（3）熟练掌握脸型的矫正方法与技能，能完成个人及模特的脸形矫正。

（4）掌握不同脸形、不同眉形、不同眼形、不同鼻形、不同唇形的妆容矫正方法。

（5）熟练掌握五官矫正化妆技巧并能灵活运用在个人及模特身上。

▶ **案例导入**

晓雯在接触化妆知识后，对化妆非常感兴趣，她采购了一批各式各样的化妆品，但是她发现每天自己化完妆后总是有不太满意的地方，感觉自己化的妆容比较显老，面部显得比较暗沉。因此她请教姐姐，姐姐在看了她化妆的步骤后，告诉她每个人都应该根据自己五官的特点来修饰，要善于利用线条和色彩的明暗、层次变化，在面部的不同位置制造视觉错觉，这样才能使得面部缺陷得以改善。

回答问题：

① 你在化妆时出现过缺陷无法遮掩的情况吗？你是如何解决的？

② 你觉得自己脸上需要矫正化妆的地方有哪些？

一、脸形矫正化妆

（一）常见脸形的矫正化妆

1. 圆形脸的矫正化妆方法

利用阴影色消除外轮廓及对下颌角部位进行晕染，利用高光色强调鼻部、额部，可使鼻子更高挺，增加脸的长度。在眼眶上缘、颧骨至眼底处、下额正中使用高光色提亮，可增强面部的立体感，但要注意与底色及阴影色的衔接。具体如下。

（1）眉部。将眉毛修饰成上挑眉，压低眉头，挑起眉梢，眉峰可略向后移，以增加脸的长度。

（2）眼部。着重上眼睑眼影的晕染，可选用较深的颜色，晕染面积不宜过大、过宽，否则会使眼部缺乏立体感，上眼线可加粗、加重。

（3）鼻部。选用咖啡色做由眉头至鼻尖的鼻影。鼻梁的高光色可表现得较明显，从而增强鼻部的立体感。

（4）面颊。由颧骨外缘做斜向的颊红色晕染，靠面部外缘颜色略深，面部向里颜色渐弱，产生把脸拉长的效果。

（5）唇部。可将唇形修饰得略有棱角，选用颜色偏艳丽的唇膏，以局部冲淡整体，使人们从视觉上忽略原有脸形的不足。

2. 方形脸的矫正化妆方法

选用浅肤色粉底液涂抹在面部的内轮廓，选用深肤色粉底液涂抹在面部的外轮廓，选择阴影色粉底液涂于额角、两颊、下颌角两侧。使用高光色强调额中部、下颌底部及颧骨上方，以增加颧骨的立体感，也可使提亮部位上移，以增加脸的长度。具体如下。

（1）眉部。适宜将眉毛修饰为上挑眉，但不宜修饰得太细。眉毛可描画得略带棱角，颜色可偏深，以增加眉毛的质感，与脸形相呼应。

（2）眼部。着重表现上眼睑与外眼角的眼影，可采用结构晕染法，在眼眶上缘施用高光色，以增强眼影的三维效果。眼线不宜勾画得过长，尾部不封口。

（3）鼻部。鼻影应能够突出表现鼻部的高耸挺阔，但不宜使其显得过窄。高光色施用在鼻梁正中，由眉间至鼻尖晕染，过渡要柔和、自然。

（4）面颊。颊红色的位置可略提升，在颧骨下缘凹陷处偏上使用略深的颊红色，向上至颧骨则使用淡色，起到收缩面颊的效果。

（5）唇部。两屏峰不宜过近，唇形可描画得圆润些，下唇以圆弧形为最佳，以突出方形脸端庄的气质。

（二）面颊修容

标准的腮红位置及打法为：以颧骨的最高点为中心向周围晕染过渡。

微课 涂腮红

（1）圆扫效果，表现年轻可爱，有让脸形显得饱满的作用（图5—4—1）。

（2）斜扫效果，增强脸形的立体感，有使人显得成熟妩媚和瘦脸的作用（图5—4—2）。

（3）横扫效果，顾名思义，横着向外扫腮红，有缩短脸形的作用（图5—4—3）。

图5—4—1 圆扫效果　　　图5—4—2 斜扫效果　　　图5—4—3 横扫效果

> **知识拓展**
>
> ### 不同颜色底妆产品的效果
>
> （1）自然色。自然色是基本色，可以遮盖面部色斑或眼袋等，因接近原肤色，遮盖后妆容更自然。
>
> （2）红色。红色具有使皮肤显得健康红润的效用，可改善脸色苍白的妆容，亦可实现腮红妆效。
>
> （3）紫色。紫色可用于修饰暗黄肤色，使肤色亮丽动人，使用量不宜过多，以免导致妆容不自然。
>
> （4）白色。白色可用在T部位或眼下，使面部轮廓更立体。
>
> （5）苹果绿。苹果绿可改善敏感皮肤面颊发红或因角质层薄而造成的红血丝明显问题，使肤色白皙、有透明感。

二、常见妆容矫正

（一）眉形的矫正化妆

1. 离心眉

离心眉两眉头间距过近，距离小于一只眼睛的宽度；五官紧凑，易给人皱眉、紧张的感觉。

矫正重点：将两眉间距调整为一只眼睛的宽度（图5—4—4）。

2. 吊眉

吊眉眉头较低，眉尾过于上扬；过挑的眉毛给人精明、不够和蔼可亲的感觉，且易显脸长。

矫正重点：将眉尾调整为接近或略高于眉头（图5—4—5）。

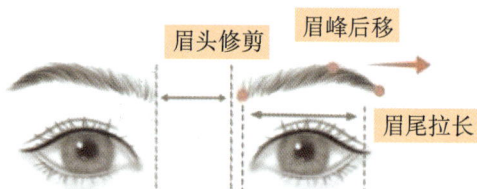

图5—4—3 离心眉矫正

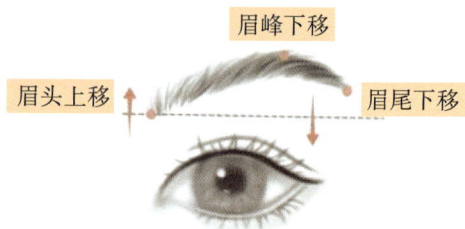

图5—4—5 吊眉矫正

3. 浓眉

浓眉眉毛质地粗硬，色泽浓黑，生长杂乱；使人硬朗，但不够生动，容易显凶。

矫正重点：修剪理想眉形，淡化眉毛颜色（图5—4—6）。

图5—4—6 浓眉矫正

4. 垂眉

垂眉眉头高，眉尾下垂，低于眉头；显亲切，但易给人忧郁愁苦之感，有增加年龄之感。

矫正重点：将眉尾调整为接近或略高于眉头（图5-4-7）。

5. 淡眉

淡眉眉形残缺，毛流稀少，颜色较淡；比较清秀，但易显小气，缺乏生气。

矫正重点：根据眉毛生长方向描画毛流（图5-4-8）。

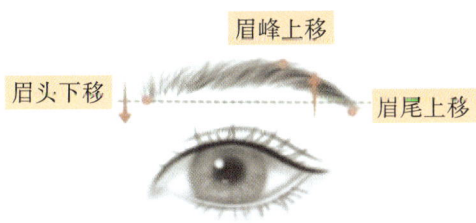

图5-4-7 垂眉矫正　　　　　　　　图5-4-8 淡眉矫正

（二）眼形的矫正化妆

1. 两眼距离较近

两眼间距小于一只眼睛的宽度，会使面部五官显得较为集中，给人严肃甚至不和善的印象。

微课　眼形对应的眼线画法

矫正重点：靠近内眼角的眼影用色要浅淡，要突出外眼角眼影的描画，眼影向外拉长；上眼线的眼尾部分要加粗加长，靠近内眼角部分的眼线要细浅；下眼线的内眼角部分不描画，只描画整条眼线的1/2或1/3长，靠近外眼角部分加粗加长，眼影的晕染可调整外眼角。

2. 两眼距离较远

两眼间距大于一只眼睛的宽度，使五官显得分散，使面容显得无精打采、松弛、迟钝。

矫正重点：靠近内眼角的眼影是描画的重点，要突出眼影的描画，外眼角的眼影要浅淡些，并且不能向外延伸；上下眼线在内眼角处要略粗一些，在外眼角处则要相对细浅一些，不宜向外延长；睫毛的粘贴也要重点强调内眼角，外眼角的睫毛稍稀，可以不粘贴。

3. 下垂眼

外眼角明显低于内眼角，眼形呈下垂状。眼略有下垂会使人显得和善、平静，但如果眼下垂明显，就会使人显得呆板、无神和衰老。

矫正重点：内眼角的眼影颜色要暗、面积要小、位置要低；外眼角的眼影颜色要突出，并尽量向上晕染；描画上眼线时，内眼角要描画得细浅些，外眼角处要描画得宽些，眼尾部的眼线要在睫毛根的上侧画；下眼线内眼角处略细。

4. 圆眼睛

内眼角与外眼角的间距小，使人显得比较机灵，但也会给人留下不够成熟的印象。

矫正重点：内、外眼角的眼影色彩要突出，并向外晕染，上眼睑不宜使用亮色，下眼睑的外眼角处的眼影用色要突出并向外晕染。

5. 肿眼泡

上眼睑的脂肪层较厚或眼睑内含水分较多，眼球露出体表的弧度不明显，使人显得浮肿、松弛、没有精神。

矫正重点：眼影采用水平晕染法进行晕染，用深色眼影从睫毛根部向上晕染，逐渐淡化，尾骨部位涂亮色，不宜使用红色眼影。

（三）鼻形的矫正化妆

1. 塌鼻梁

鼻梁低平，面部凹凸，层次严重失调，使面部显得呆板，缺乏立体感和层次感。

矫正重点：可将鼻侧影上端与眉毛衔接，在眼窝处晕染的颜色应较深，向下逐渐淡化。在鼻梁上较凹陷的部位及鼻尖处涂亮色，但面积不宜过大。

2. 鼻子较短

鼻子的长度小于面部长度的1/3，即常说的"三庭"中的中庭过短，鼻子较短会使五官显得集中，同时鼻子会显得过宽。

矫正重点：可将鼻侧影的上端与眉毛衔接，下端直到鼻尖；鼻侧影的面积应略宽，亮色应从鼻根处一直涂抹到鼻尖处，要细而长。

3. 钩鼻

鼻根较高，鼻梁上端窄而突起，鼻头较尖并弯曲呈钩状，鼻中隔后缩，使面部缺乏柔和感，显得较为冷酷。

矫正重点：鼻侧影应从内眼角旁的鼻梁两侧开始到鼻中部结束，鼻尖部涂阴影色，鼻根部及鼻尖上侧涂亮色，鼻中部凸起处不涂亮色。

（四）唇形的矫正化妆

1. 唇形过小

嘴唇外形过于短小，使五官比例失调。

矫正重点：可用唇线笔将原唇形微向外扩充，沿唇外缘描画，但不可扩充过大，否则会显得不真实和不自然。唇部色彩选用偏暖的淡色，如粉红、浅橘色等。

2. 唇部过薄

上唇与下唇过于单薄，使面部缺少立体感。

矫正重点：选用略深于唇膏颜色的唇线笔描画原唇。

3. 唇部过厚

唇形有体积感，显得性感饱满，但过于肥厚的嘴唇会使人缺少秀美。

矫正重点：先在唇部涂一些粉底遮盖原来的唇部轮廓，再用唇线笔在原唇内侧勾画略小的唇线，但距离不能过大。唇色可选择深色唇彩及口红。

4. 鼓突唇

唇中部外翻、突起，易形成噘嘴。

矫正重点：唇线不宜选用深色，可处理得模糊些，以产生凹凸的效果。唇膏颜色宜选用中性色，不宜选用鲜艳的颜色或珠光色。此外。可加强眼部的修饰，转移他人对嘴唇的关注。

5. 嘴角下垂

嘴角下垂使人显得严肃，不够开朗。

矫正重点：可先用唇线笔适当勾画出上唇的唇峰，再将下唇描画成船形，最后填入唇膏色，可依个人喜好选择。

6. 嘴唇平直

嘴唇平直即无明显的唇峰及曲线，使面部表情显得匮乏。

矫正重点：修饰时用唇线笔将下唇唇线略微向上方拉起，唇角位置适当提高，使上唇线的唇峰与唇中的位置略微降低。下唇色应深于上唇色，可在上唇中部使用珠光色和高光色，下唇则不宜使用珠光色和高光色。

知识拓展

卸妆的基本方法

卸妆是为了更好地化妆。有些人很注重化妆，卸妆却十分随便，甚至有人带妆过夜，这样会使皮肤受到伤害。正确的卸妆方法如下。

（1）用干净的化妆棉蘸取卸妆水擦去脸上的污垢和汗脂。

（2）先用清洁膏或者卸妆膏擦去眉毛部分妆容，再用化妆棉擦去清洁膏。

（3）先用眼部卸妆用品轻揉眼部，再擦掉睫毛膏。

（4）用唇部卸妆用品擦去嘴唇的口红等。

（5）先涂抹清洁霜并轻按整个面部，再用化妆棉擦去清洁霜。

（6）用洗面奶或者洁面皂配合温水洗脸。

任务工单

工单一：不同脸形的矫正方法训练

【工单准备】

（1）化妆用品及用具。

微课　修容和高光产品选择

（2）化妆镜和化妆桌椅。

（3）做好手部清洁。

【工单实施】

（1）两人为一组，观察对方五官特点并判断对方脸形，判断对方皮肤肤质并选择合适的矫正方法，将过程记录于下方。

_____

_____

_____。

（2）根据所学知识为对方选择合适的矫正化妆用品及彩妆用品，并将化妆用品及彩妆用品的名称记录于下方。

_____

_____

_____。

（3）根据所学知识描述脸形需要矫正的地方并记录于下方。

_____

_____

_____。

工单二：选择合适的妆容矫正方法

【工单准备】

常用化妆用品。

【工单实施】

小丽在掌握了正确的皮肤护理及熟练的彩妆化妆技巧的基础上，想进一步通过矫正化妆使妆容更加完美。通过判断，她发现自己的五官呈现以下特点：离心眉、圆眼、钩鼻、唇形较小。

她需要根据五官特征进行合适的矫正化妆，具体步骤如图5-4-9所示。

眉毛矫正 ➡ 眼形矫正 ➡ 鼻形矫正 ➡ 唇形矫正

图5-4-9　五官矫正化妆步骤

（1）眉毛矫正。将两眉间距调整为一只眼睛的宽度，将两眉间的杂毛修理干净，用眉笔将眉头开始部分描画出来并与内眼角对齐，眉峰往前描画，眉尾不要过长。

（2）眼形矫正。选择大地色系眼影突出眼睑的内、外眼角的眼影色彩，并向外晕染，上眼睑中不宜使用亮色，下眼睑的外眼角处的眼影比上眼睑的眼影颜色浅一点，用色要突出向外晕染。

（3）鼻形矫正。选择咖啡阴影色及白色亮色修容粉把鼻侧影从内眼角旁的鼻梁两侧开始到鼻中部结束，鼻尖涂阴影色，鼻根部及鼻尖上侧涂亮色，鼻中部凸起处不涂亮色。

（4）唇形矫正。选择橘红色唇线笔先将原唇形微向外扩充，沿唇外缘描画，但不可扩充过大，再用偏暖的粉红色口红在唇部涂抹，使得唇线与口红衔接好、过渡自然。

【任务评价】

请根据本任务的学习和实践训练，分别按照学生自评和教师评价的方式填写表5-4-1的评价内容，并计算出累计得分和总计得分。同时，记录在学习过程中的收获、发现的不足和提出的改进方法。

表5-4-1　矫正化妆修饰任务评价表

评价内容	要求	分值（分）	学生评价（分）	教师评价（分）
专业知识及技能	（1）能够恰当地使用合适的化妆工具及化妆用品	10		
	（2）能够正确地判断五官需要矫正的地方	10		
	（3）能在教师指导下对照操作标准，使用正确的技法完成矫正化妆的基本步骤	10		
专业态度及素养	（1）工作区域干净整洁，化妆工具齐全	5		
	（2）能够在实操过程中注意安全规范	5		
小组活动	（1）具有团队协作精神	5		
	（2）具有学习纪律性	5		
小计		50		
总计		100		
在学习过程中的收获：				
在学习过程中发现的不足：				
提出的改进方法：				

思考练习

（1）方形脸面颊需要如何矫正？

（2）观察父母或者兄弟姐妹的五官特点，尝试对他们进行矫正化妆。

微课　男性空乘人员职业化妆的打造和标准

参 考 文 献

［1］王晔，郭宗娟. 礼仪与职业形象 ［M］. 2 版. 北京：机械工业出版社，2023.

［2］陈增红. 邮轮服务礼仪 ［M］. 2 版. 大连：大连海事大学出版社，2020.

［3］吴曦. 化妆技巧与形象塑造 ［M］. 北京：北京理工大学出版社，2019.

［4］赵林，谭莹. 空乘化妆技巧与形象塑造 ［M］. 上海：上海交通大学出版社，2015.

［5］许春华. 旅游职业形象塑造 ［M］. 西安：西北工业大学出版社，2015.